エコカー技術の最前線

どこまでも進化する燃費改善と
排出ガスのクリーン化に迫る

髙根英幸

SB Creative

著者プロフィール

髙根英幸（たかね ひでゆき）

1965年、東京都生まれ。芝浦工業大学工学部機械工学科卒。理論に加え実際のメカいじりによる経験から、クルマのメカニズムや運転テクニックを語れるフリーランスの理系自動車ライター。『日経Automotive』（日経BP）でメカニズム基礎講座を連載するほか、『クラシックミニマガジン』（メディア・パル）、「高嶺英二」のペンネームで『ストリートミニ』（フェイヴァリット・グラフィックス）などでも執筆し、最新エコカーから旧車までメカニズムを中心に幅広く解説している。Webでは『日経テクノロジーonline』(http://techon.nikkeibp.co.jp/) や『MONOist』(http://monoist.atmarkit.co.jp/)、『 Response』(http://response.jp/) などに寄稿。主な著書は『カラー図解でわかるクルマのハイテク』（サイエンス・アイ新書）。日本自動車ジャーナリスト協会（AJAJ）会員。

本文デザイン・アートディレクション：クニメディア株式会社
校正：曽根信寿

はじめに

　クルマは私たちにとって、最も身近で便利な乗物の1つです。運転や移動を楽しいものにしてくれる乗物でもあります。

　公共機関が充実した都市部だけで生活している人でも、深夜や早朝の移動にはタクシーを使うなど、クルマとまったく無縁ではないでしょう。

　およそ130年ものあいだ、クルマは人々の生活を支え、移動や運転の楽しみを与え、レースで競うことで技術を磨いたり、感動を生んでくれた乗物です。

　実用的でありながら、アクセルを踏み込めばいつでもどこへでも自由に向かって行ける、自分の可能性を広げてくれる乗物、それがクルマなのです。

　とはいえ、走ればクルマの燃料は減りますし、維持するには駐車場の確保や税金、保険、メンテナンス費用などの負担を強いられます。

　このような維持費を抑えるためにも、また大気汚染を減らすためにも、燃費がよく排気ガスがクリーンなエコカーは、現代の生活に適したクルマなのです。

　「いろいろあるエコカー、どれを選んだらいいかわからない」「エコカーは機能的で快適、燃費もいいけれど、ど

れを選んでも大差ないのでは？」という声を聞くこともあります。しかし、エコカーにはさまざまな種類があり、自動車メーカーによって独自のメカニズムが盛り込まれています。

　エコカーの魅力をいろいろな角度から解説した本書を読んでいただければ、このような疑問を持つ方々にも、現代のクルマの見えない魅力に気付いてもらえることでしょう。　　　　　　　　2016年12月　髙根英幸

エコカー技術の最前線
どこまでも進化する燃費改善と排出ガスのクリーン化に迫る

CONTENTS

はじめに ……………………………………………………………… 3

Chapter 1
「エコカー」とは何か? …………… 9
1-01 なぜ「エコカー」へとシフトしているのか? ………… 10
1-02 世界の「エコカー」のトレンドは? ………………… 12
1-03 「エコカー」の種類をまとめてみる ………………… 15
1-04 どのエコカーを選んだらいい? ……………………… 18
Column1　スマホとの連動でクルマは変わる? ………… 20

Chapter 2
ハイブリッド車(HV、PHV)の最前線 …………… 21
2-01 何がハイブリッドなのか? …………………………… 22
2-02 世界初のハイブリッド車を開発したメーカーは? …… 26
2-03 従来のガソリン車より燃費はどれほどよい? ……… 30
2-04 プリウスはなぜ走行音が小さいのか? ……………… 32
2-05 なぜハイブリッド車の外観は似ているのか? ……… 34
2-06 ハイブリッド車を上手に運転するコツは? ………… 36
2-07 ハイブリッド車にバッテリーはあるの? …………… 38
2-08 ハイブリッド車のモーターはどんなもの? ………… 40
2-09 モーターは自動車と相性がいいの? ………………… 42
2-10 なぜモーターからエンジンへのシフトがスムーズ? … 44
2-11 ガソリンを使い切ったらどうなる? ………………… 46
2-12 電池が切れたらどうなる? …………………………… 48

SB Creative

CONTENTS

- 2-13 バッテリーに寿命はあるの? ……………………… 50
- 2-14 「SUPER GT」に参戦中のプリウスは何者? ……… 52
- 2-15 高級車がハイブリッドを採用する意味は? ………… 54
- 2-16 フェラーリにもハイブリッド車があるの? ………… 56
- 2-17 「ル・マン24時間レース」は
  ハイブリッド車でないと勝てない? ………………… 60
- 2-18 簡易型のハイブリッドは何が違う? ………………… 64
- 2-19 洗練されたハイブリッド―BMW「i8」 …………… 66
- Column2 自動運転が実用化されたら燃費は向上する? … 68

Chapter 3
電気自動車(EV)の最前線 …………… 69

- 3-01 EVにガソリンはいらないの? ……………………… 70
- 3-02 モーターは内燃機関よりもエネルギー効率がいい? … 72
- 3-03 変速機やクラッチがないって本当? ………………… 74
- 3-04 新幹線も使っている回生ブレーキとは? …………… 76
- 3-05 EVのバッテリーってどんなもの? ………………… 78
- 3-06 冬にバッテリーの性能が落ちたりしない? ………… 82
- 3-07 EVは速く走れるの? ……………………………… 84
- 3-08 EVの充電時間はどれくらい? ……………………… 88
- 3-09 バッテリーが上がったらどうなる? ………………… 90
- 3-10 漏電の心配はないの? ……………………………… 92
- 3-11 モーターやバッテリーは
  車体のどこに積んでいる? ………………………… 94
- 3-12 日産「リーフ」のレース仕様車ってどんなもの? …… 96
- 3-13 EVは災害時に電源にもなるって本当? …………… 100
- 3-14 EVのバッテリーは何回くらい充電できるの? ……… 102
- 3-15 EVで使用済みになったバッテリーはどうなる? …… 104

3-16	最新のEV技術が知りたい！	106
3-17	EVにスポーツカーはあるの？	108
3-18	EVも発電所で結局大気汚染をしているのでは？	112
3-19	充電時に感電する心配はない？	114
3-20	マイクロEVって何？	116
3-21	近未来の乗物を体感したい	120
3-22	EVの航続距離をもっと伸ばす方法は？	122
3-23	いちばん「力持ち」なクルマはEVって本当？	126
Column3	軽自動車は日本が誇る独自のエコカー	128

Chapter 4
燃料電池車（FCV）の最前線 … 129

4-01	燃料電池車は何が燃料なの？	130
4-02	水素は可燃性ガスだけど危なくないの？	132
4-03	発電できる燃料電池車がなぜバッテリーを搭載する？	134
4-04	水素ステーションってどんな場所？	136
4-05	燃料電池車はどうして高額なの？	138
4-06	なぜトヨタが市販車一番乗りなの？	140
4-07	どうやって水素をつくり出しているの？	142
4-08	どうして水素で発電できるの？	144
Column4	EVによる新エンジンの可能性とは？	146

Chapter 5
低燃費ガソリン車の最前線 … 147

5-01	低燃費車って何？	148
5-02	直噴（筒内直接噴射）って何が違うの？	150
5-03	スカイアクティブって何？	152

CONTENTS

5-04 ターボチャージャーが見直されているって本当? 154

5-05 ガソリンはあと何年使えるの? 156

5-06 ガソリン車はどうやって燃費を伸ばしている? 158

5-07 ダウンサイジングターボは
どうして燃費がいいの? 160

5-08 CVTとAT、DCTの違いを教えて 162

Column5 どうエコカーを選ぶべきか? 166

Chapter 6
クリーンディーゼル車の最前線 167

6-01 ディーゼル車が「クリーン」ってどういうこと? 168

6-02 なぜクリーンディーゼル車は黒煙を吐かないの? 170

6-03 クリーンディーゼルエンジンって何がいいの? 172

6-04 軽油とガソリンの違いは? 174

6-05 スカイアクティブにはディーゼルもある? 176

6-06 ディーゼルのクルマって遅くないの? 178

6-07 バイオディーゼルって何? 180

6-08 ガソリンとディーゼルの
中間のエンジンがあるの? 182

6-09 VWが不正に米国の排ガス規制を
クリアした手口は? 184

おわりに 186

参考文献 188

索引 189

ホンダのミニバン「オデッセイ」は、現行モデルにハイブリッド仕様が用意されました。モーターでのEV走行、エンジンによる発電のハイブリッド走行、エンジンだけの走行を切り替えて省燃費を実現しています　　　写真：ホンダ

Chapter 1

「エコカー」とは何か？

エコカーと呼ばれるクルマが増えています。ボディの形状や大きさ、パワートレインの種類を超えた、新しいカテゴリーともいえるこのエコカーの種類やトレンドを、まずは解説していきましょう。

Chapter 1-01

なぜ「エコカー」へとシフトしているのか?

　このところ、街を走るクルマを見ると、エコカーばかりが目につきます。販売台数の統計を見ても、上位を占めるのはエコカーばかりです。

　エコカーといっても実際にはいろいろな種類があり(これらについては順次、解説します)、それぞれに特徴や得意な走行条件などがありますが、ひと言でいうと、エコカーとはエコロジーなクルマ、つまり**環境に優しいクルマ**ということです。具体的には従来のクルマよりも**燃費がよく、排気ガスもクリーン**なクルマのことです。

　エコカーの開発が進んだ理由は大きく分けて2つあります。1つは、1990年代から現在までの間に世界中で急速に進んだ、自動車の排気ガスに対する規制です。規制の理由の1つが**地球の温暖化**です。これ以上、温暖化を進めないために、自動車の排気ガスに含まれる二酸化炭素の排出量を減らすためです。走行時の二酸化炭素排出量を減らすという目標は、燃費を向上させなければ実現できません。海外では自動車メーカーに、全車種の平均燃費に下限を設け、これをクリアできない場合は税金を課す国もあります。規制が厳しくなったもう1つの理由としては、大気汚染の問題も挙げられます。その結果、乗用車も商用車も40年前と比べると、驚くほど排気ガスはクリーンになりました。

　エコカーの開発が進んだもう1つの理由は、**石油価格の変動**です。日本は石油を輸入に頼っていますから、石油価格の上昇でガソリンの値段が上がると、一般家庭の家計や会社の経費でガソリン代の負担が増えます。石油価格の高騰は、ユーザーにとって切実

な問題です。ですから、「クルマを買うなら、なるべく燃費がよい車種を選ぼう」とするのは、当然でしょう。各自動車メーカーはこのニーズに応えたのです。

　もちろん、クルマの魅力は燃費だけではありません。しかし、最近のクルマの多くは、実用性や快適性などの水準が高まっているので、差を付ける部分が少ないのも事実です。デザインや特定の機能で差別化を図っているクルマもありますが、燃費はすべてのクルマの性能の指標として比較しやすいこともあり、燃費を追求する傾向はこれからも続くでしょう。今後、燃費規制はますます厳しくなるので、**ユーザーの意向にかかわらず、自動車メーカーは燃費性能に磨きをかけなければならない**のです。

化石燃料の価格は年々上昇していくと思われていましたが、シェール革命（次項参照）以降は石油需要の伸び悩みもあって、沈静化しています。しかし、燃費性能はユーザーのふところに直接影響するものだけに、販売台数に大きな影響を与えます。コンパクトな車体のハイブリッド車トヨタ「アクア」は、燃費だけでなく日本の道路事情にも適したエコカーとして、長い間、国内の販売台数で首位を記録しました

写真：トヨタ

Chapter 1-02

世界の「エコカー」のトレンドは?

　日本では**ハイブリッド車**がエコカーの主流となっていますが、欧米では少し事情が違います。それは国民性や道路交通事情の違い、さらには税制面などの違い、自動車メーカーの得意分野など、さまざまな要素によりエコカーへの取り組み方が変わってくるからです。

　日本でハイブリッド車が普及したのは、ガソリンスタンドが普及していることに加え、渋滞が多く、運転操作による燃費の上下が少ないことが、交通事情にマッチしているからでしょう。

　欧州ではディーゼル車が人気です。なぜなら、ディーゼル車のほうがガソリン車よりエネルギー効率に優れているので、もともと税金を安くしていたことと、燃料代も安かったことが理由です。そのため、欧州ではディーゼルエンジンとモーターを組み合わせたハイブリッド車もあります。

　一方、北米市場では、このところエコカーの人気は以前ほど高くありません。それは**シェールガス**という岩盤層に蓄えられた石油や天然ガスが豊富に見つかり(シェール革命)、石油価格が安くなってきており、シェールガスによるミニ・バブルが起こっているからです。

　それでも、米国はベンチャー企業が育ちやすい風土なので、電気自動車(EV)を製造販売する小規模な自動車メーカーがたくさん登場し、そのうちのいくつかは生き残って成長しています。広い米国では自宅からガソリンスタンドまでの距離が遠く、「給油のためだけに費やす時間が無駄」と感じる富裕層がEVを選ぶケースも増えているようです。

東南アジアなどではまだクルマの普及率が高くないことから、エコカーという概念はありませんが、クルマを普及させるには**車両価格と燃料代を安くする必要がある**ため、今後、コンパクトカーをベースにしたエコカーが普及していくことになるでしょう。

　なお、日本ではハイブリッド車の人気が圧倒的ですが、離島ではガソリンよりも電気のほうが入手しやすいため、EVの需要も高まっているようです。

日本は信号が多く、交通渋滞も深刻なのでハイブリッド車が人気ですが、米国ではガソリンの価格が下がったことから、米国の自動車メーカーが販売する大型のクルマの人気が復活しています。人気が高まっているエコカーは、自宅で充電できて給油の手間がいらないEVです。写真はアメリカのEVベンチャー、テスラモータースの高級セダン「テスラ・モデルS」です　　写真：テスラ

欧州ではエンジンの熱効率が高く、加速性能や高速走行時の燃費に優れたディーゼル車が人気です。このように、エコカーであっても、道路環境や国民性などにより、人気のある車種は異なってきます。写真は欧州で人気のあるBMWのディーゼル車「320d」です　　写真：BMW

Chapter 1-03

「エコカー」の種類をまとめてみる

　エコカーの代表的なクルマとしては、まず**ハイブリッド車（HV）**が挙げられます。これは従来のガソリンエンジンにモーターを追加することで、走行状況に応じてエンジン、モーター、あるいは両方の動力を使って走行することで燃費を向上させたエコカーです。

　現在は、従来のハイブリッド車より大きなバッテリーを搭載して、外部から充電することでモーターだけで走行できる範囲を広げた**プラグインハイブリッド（PHV）**というカテゴリーが派生しています。

　これにより、少しずつですが確実に増えてきているのが**EV（電気自動車）**です。日本ではこれまで何度かEVへの期待が高まった時期がありましたが、なかなかうまくいきませんでした。しかし、現在は高性能なリチウムイオンバッテリーの普及により、EVが現実的な乗用車として利用されるようになりました。

　また、日本の乗用車市場でも急速に存在力を高めているエコカーに**ディーゼル車**があります。クリーンディーゼルとも呼ばれる、環境性能を高めたディーゼルエンジンを搭載することにより、ガソリン車に比べて優れた燃費と力強い走りを実現して人気を集めています。

　日本ならではのカテゴリーである**軽自動車**も、燃費性能に優れているという点で、エコカーといえるでしょう。

　従来のガソリン車でも、さまざまな工夫を盛り込むことで燃費を向上させたクルマがあります。これは比較的コンパクトなクルマで好燃費を誇るものです。高級車でも燃費を最大限向上させよう

とエンジンの効率を高めたり、走行抵抗を抑える工夫がされています。このように、ハイブリッド車でなくても、こうした省燃費のための技術は搭載されているのです。

EVは充電設備を必要としますが、排気ガスを出さないという点では非常にクリーンなクルマです。写真は日産のEV「リーフ」です

写真：日産

日本で「ディーゼル車」といえば、以前はトラックやSUV（Sport Utility Vehicle）に限られていましたが、最近は乗用車にも搭載が広がっています。写真は革新的なディーゼルエンジンであるスカイアクティブDを搭載したマツダ「アクセラ」です

写真：マツダ

また、2014年末に発売が始まった<u>燃料電池車（FCV）</u>も注目されています。

ハイブリッド車はガソリンエンジンとモーターを組み合わせて、両方のいいところを利用し、効率のよい走りを実現します。燃費性能を追求したハイブリッド専用モデルのプリウスやアクアが人気の中心ですが、SUVや高級セダンなど幅広い車種にハイブリッド車が増えています。写真はトヨタの高級ブランド、レクサスのハッチバック「CT200h」です

写真：トヨタ

軽自動車はボディサイズが小さく、居住性や快適性は制限されますが、車重が軽いので、燃費性能に優れます。1～2名の乗車で行動半径が短く、都市内での移動がほとんどであれば、維持費も含めて最も経済的なクルマといえるでしょう。写真は燃費に優れたダイハツの軽自動車「ミラe：s」です

写真：ダイハツ

Chapter 1-04

どのエコカーを選んだらいい?

　その人にとって最適なエコカーは、クルマの使い方によって変わってきます。あまりクルマを利用しない人にとっては、いくら燃費がよくても、車両の価格が高めになりがちなハイブリッド車はベストな選択ではないこともあります。5年間使う場合のトータルコストでは、コンパクトカーや軽自動車のほうが有利なことも多いのです。

　そうはいっても、日本で圧倒的に人気なのは**ハイブリッド車**です。それは**どんな状況でも安定して燃費がよい**からです。ハイブリッド車とEV以外のエコカーは、ノロノロと走る渋滞では極端に燃費が悪化する傾向があります。普段は買い物や近県へのドライブ程度でも、年に数回の帰省では長距離走行で、なおかつひどい渋滞にもあうような人にとっては、ハイブリッド車が便利なクルマといえるでしょう。また、「とにかくガソリン代をこの先心配したくない」という不安解消型の人や、「乗り回す愛車には、ある程度の車格が欲しい」という人にとっても、ハイブリッド車は魅力的な選択です。

　EVは長距離を走る機会がほとんどない人にとっては、選択する意義が出てきたエコカーといえます。燃費だけを考えれば、ハイブリッド車よりも圧倒的に費用を抑えることができます。深夜電力を利用すれば、走行のための電気代はガソリン代の10分の1になってしまうのですから。

　「渋滞に巻き込まれることは少なく、走行距離は多め」という人には、**ディーゼル車**がいちばん有利な選択です。くわしい理由は、第6章を読んでいただければわかるでしょう。

なお、走行距離が少ない、あるいは近所への買い物や通勤の足がほとんど、というのなら、**軽自動車**や**コンパクトカー**のほうが燃費もよく、車両価格や税金面での負担も少なくて済むでしょう。

トヨタ「プリウス」は2代目から人気が高まり、3代目で爆発的にヒットして、エコカーの中心的存在に成長しました。写真は4代目です。ハイブリッド機構を改善し、さらに燃費性能を高めているだけでなく、居住性や快適性、操縦安定性なども大きく進歩しています。日本では幅広いユーザー層が満足できる性能を持っているといえます

写真：トヨタ

Column1

スマホとの連動でクルマは変わる?

　最新のスマートフォン（以下、スマホ）は、10年前のパソコンよりも高性能で、移動しながらインターネットと接続できるため、クルマとリンクさせることで新しい機能が生まれます。

　すでに、電子メールやメッセージの読み上げ、内部メモリに記録されている音楽などのカーオーディオによる再生などができますが、今後はカーナビゲーションとのより高度な連携により、渋滞情報を取り入れたルート設定で、到着時間の短縮や燃料消費の削減などに役立つことでしょう。

　車両側の制御もカーナビゲーションと連携し、ドライバーがアクセルを踏んでいても、先のカーブで速度を落とす必要があるとわかっていれば、クルマ側で加速をゆるめて燃費を向上させるような制御も研究されています。

　クルマに装備されているカーナビゲーションは、どんどん高性能化され、渋滞の回避能力など、利便性はかなり向上していますが、リアルタイムな情報の取得はスマホにかないません。常にインターネットに接続され、無数のユーザーが利用していることで、膨大な情報が瞬時に集まります。また、ソフトウェアやルート情報などがどんどん更新される、スマホアプリならではの強みもあります。

　ドライバーが一生懸命、頭を使って渋滞を回避したり、近道したりする努力を、スマホが代わりにやってくれるのですから、その分、ドライバーは周囲の安全に気を配ったドライビング、燃料をセーブするドライビングに集中できるでしょう。

トヨタ「プリウス」はハイブリッド車の元祖として登場し、モデルチェンジで熟成を重ねてベストセラーに成長しました。写真は最新のハイブリッドシステムを搭載した現行モデルのプリウスです

写真：トヨタ

Chapter 2

ハイブリッド車（HV、PHV）の最前線

ハイブリッド車と聞くと、「燃費がいいクルマ」と連想する人は多いのではないでしょうか？ では、なぜハイブリッド車は燃費がいいのでしょうか？ そのメカニズムを知れば、ハイブリッド車の省燃費の理由を理解できます。

Chapter 2-01

何がハイブリッドなのか?

　ハイブリッドとは、2種類以上の要素を組み合わせたものを意味する言葉で、クルマでは2つの動力源を持つことを指します。従来はガソリンエンジンだけだったクルマに、動力としてモーターも加えることで、エンジンとモーターのよいところを利用し、燃費の向上を実現しているクルマをハイブリッド車といいます。海外ではエネルギー効率のよいディーゼルエンジンとモーターを組み合わせたディーゼルハイブリッド(メルセデス・ベンツはS300hを販売している)も登場していますが、現時点で日本の自動車メーカーが国内で販売しているハイブリッド車のエンジンはガソリンエンジンだけです。

　エンジンは、燃料さえ給油すればいつまでも走り続けられる優れた動力です。ガソリンや軽油などの化石燃料は、石油から精製する手間はありますが、運搬・貯蔵が簡単で、容易に給油できることを考えると、極めて取り扱いやすいエネルギーです。

　こんなエンジンのメリットを生かしつつ、さらなる効率の向上を目指し、異なる動力であるモーターを組み合わせたのがハイブリッド車です。モーターは停車中にエネルギーを使いませんし、特性上、モーターは低回転から力を発揮するので、エンジンの弱点を補うには最適です。

　しかも、減速時はモーターを逆に発電機として利用することで、運動エネルギーを電力として回収し、蓄えることができるのです。エンジンだけだと、ブレーキをかけて減速や停止をしたとき、運動エネルギーは熱となって捨てられてしまいます。

　同様に、エンジンとモーターという2つの動力を搭載していても、

ハイブリッド車は、エンジンとモーターという、2つの異なる動力を組み合わせています。それぞれの長所を生かし、高いエネルギー効率で走行することで、ガソリンのもつエネルギーをより多く走る力へと変換して、燃費性能を高めています

写真：トヨタ

ハイブリッド車とひと口にいっても、エンジンの駆動の仕方やモーターの組み合わせ方にはいろいろあります。エンジンの力を増幅する変速機にモーターを組み込んだものが主流ですが、写真のBMW「i8」のように、リアタイヤはエンジン、フロントタイヤはモーターで駆動する、前後独立式のハイブリッド四輪駆動もあります

写真：BMW

タイヤを回す駆動力としてエンジンを使わず、発電用として搭載しているクルマもあります。従来は**シリーズハイブリッド**と呼んでいましたが、あくまで動力はモーターで、エンジンは発電用ということから、**レンジエクステンダー(距離延長)EV**として、最近はEVの一種と捉えられるようになってきました。

プラグインハイブリッドの中にも、基本的には駆動力はモーターのみで、高速道路での急加速などとても負荷が大きいときにだけエンジンの駆動力を追加する、レンジエクステンダーEV的な性格のクルマも登場しています。

欧州では、**マイルドハイブリッド**と呼ばれるシステムも開発が進められています（**2-18**も参照）。これはエンジン始動用のセルモーターと発電機、それに加速時のアシスト用モーターを1つのモー

日産が新型「ノート」に採用したe-POWERというハイブリッドでは、エンジンは発電機を駆動するだけで、直接タイヤを駆動することはありません。タイヤを回すのはモーターだけなので、実質的には電気自動車と変わりません。エンジンと発電機を搭載することで、それほど大容量のバッテリーを搭載しなくてもガソリンを補給するだけで走り続けられます。エンジンも、ほどよい負荷で一定回転することにより、燃費のいい使い方ができるのです　　写真：日産

※Integrated Starter Generator

ターでまかなってしまうシステムで、電圧を48Vに高めることで、効率を高めたものが開発されています。日本でも日産が「Sハイブリッド」として、スズキは「Sエネチャージ」という名称で、ISG※（発電機と加速のアシスト用モーターを一体化したシステム）を用いた機構を採用しています。これからハイブリッド車も、ますます多様化していくかもしれませんね。

ノートe-POWERのパワーユニットは、エンジンと2つのモーター、インバーターで構成されています。モーターの1つはエンジンと直結されており、エンジンが駆動することで発電機として働きます
イラスト：日産

ノートe-POWERのパワーユニット　写真：日産

Chapter 2-02
世界初のハイブリッド車を開発したメーカーは？

　ハイブリッド車の歴史をたどると、驚くほど昔から実用化されていたことに気付かされます。フォルクスワーゲン（VW）のビートルやダイムラー・ベンツで数々の名車を設計したフェルディナント・ポルシェ博士は、1898年にローナーという会社でEVをつくり上げていますが、これには発電用のエンジンが搭載されていました。つまり、現代であればハイブリッド（レンジエクステンダーEV）に含まれるクルマだったのです。

　EVの歴史はエンジンを搭載したクルマより古く、バッテリーとモーターを搭載したクルマは、1839年にスコットランドでつくられたという記録が残っています。エンジンが発明されたのは1876年のことですから、**ハイブリッド車を生み出す要素はそのころから揃っていた**ことになるのです。

　乗用車が一般化した現代社会でのハイブリッド車の元祖といえば、やはりトヨタということになります。トヨタは初代プリウスの販売で、ハイブリッド車の発展に先鞭を付けましたが、初代登場時のCMのキャッチコピーは「21世紀に間に合いました」というものでした。

　開発を担当したエンジニアはたいへん苦労しました。基礎研究を含めれば、開発期間は30年にもおよぶといわれています。通常、1台のクルマをつくり上げるには、陣頭指揮を取るエンジニア（開発主査と呼ばれています）がいますが、プリウスの場合は何人ものエンジニアがバトンを渡すようにして、最初のハイブリッド車を生み出したのです。

　エンジンとモーターという2つの動力をクルマに搭載すること自

世界初のハイブリッド量産車は、1997年に発売されたトヨタの初代「プリウス」といっていいでしょう

写真：トヨタ

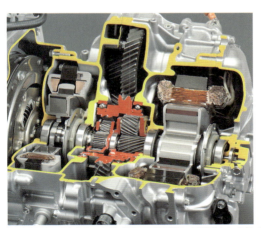

トヨタは30年にもおよぶハイブリッド車の開発を続け、画期的なハイブリッド機構「THS（トヨタ・ハイブリッド・システム）」を完成させました。その後に登場したガソリンエンジンやディーゼルエンジンを搭載したエコカーと比べると、「燃費性能が優れている」とはいいがたかったのですが、プリウスが登場したからこそ、ほかのクルマを開発するエンジニアが懸命に努力を続けて、燃費性能を向上させたともいえます。プリウスの誕生は日本のエコカー技術の発展につながり、あらゆる仕様のクルマの燃費性能を底上げする原動力になりました。これもプリウスの功績です　写真：トヨタ

体は、それほどエンジニアにとって難しいことではありません。しかし、一般のドライバーが違和感なく運転できて燃費のよいハイブリッド車をつくり上げるには、非常に緻密な制御が必要です。モーターとバッテリーを搭載しているハイブリッド車は、ガソリンエンジンだけのクルマに比べて生産コストが上昇しているので、このコスト以上に燃費が向上していなければ、ユーザーは納得しません。

　そこで、信号待ちなどの停止時にエンジンのアイドリングを止める一方、モタつくことなくモーターで発進したり、加速時にエンジンとモーターの両方を使ってエンジンの負荷を軽減させたりして燃費を向上させています。特に燃費を向上させるには、減速時に運動エネルギーを電力として回収する**回生エネルギー充電技術の開発**が重要でした。

　トヨタは、モーターで走行しながらエンジンを始動させ、両方の駆動力をスムーズにつないでいくための制御など100以上の特許を取得し、現在までにハイブリッド車のカテゴリーにおいて圧倒的な地位を確立しました。

　トヨタは燃料電池車も急ピッチで開発を続け、世界でいちばん最初に販売しました。それは、ハイブリッドに続いて燃料電池車の市場も席巻しようとしているのではありません。まったく新しい水素燃料というインフラを実現するべく、あえて先陣を切って業界を勢いづかせようとしているようです。それは、トヨタという世界一の自動車メーカーならではの責任感ともいえるのではないでしょうか。

間もなく日本でも販売される新型プリウスPHVは、4代目プリウスのパワーユニットをさらに進化させて搭載しています

写真：トヨタ

新型プリウスPHVは、トヨタ・ハイブリッド・システム（THS）の中核となる遊星（プラネタリー）ギアユニットにワンウェイクラッチを組み合わせています。これにより、従来は発電機と変速機として機能してきたMG1（発電用モーター）を、MG2（駆動用モーター）と同時に、加速時に動力源として使えるようになっています。その結果、バッテリー搭載量がPHV化で増えて重くなった車重をカバーできる十分な加速性能を実現しました

写真：トヨタ

Chapter 2-03

従来のガソリン車より燃費はどれほどよい？

　ハイブリッド車は燃費に優れたクルマですが、日本特有の信号の多さによる頻繁な発進・停止や渋滞に強いのが特徴です。従来のガソリン車は、ノロノロ進んでいる渋滞時でもエンジンをアイドリング状態で回しているので燃料を消費しています。これに対し、ハイブリッド車はモーターで走れるため、渋滞に遭遇してもエンジンを停止させれば燃費が悪化しないのです。

　もちろん、バッテリーの充電量が不足してくれば、ハイブリッド車でもエンジンを始動させてバッテリーを充電しながら走行しなければなりませんが、よほどの大渋滞でなければ、渋滞を抜けた後、回生充電できます。

　また、ガソリン車が夏場にエアコンを稼働させるにはエンジンをアイドリングさせる必要がありますが、ハイブリッド車はエアコンを電動コンプレッサーで駆動しているので、エンジンを止めたままでもエアコンを使えるクルマが多いのです。

　逆に、発進・停止や渋滞が少ない郊外や高速道路の走行では、こうしたハイブリッド車の強みを発揮しにくくなります。

　したがって、あらゆる状況で安定して燃費がいいのがハイブリッド車、工夫次第でハイブリッド車以上の経済性を引き出せるのがコンパクトカー、ということになります。

　燃費のよさを表す評価としてカタログ燃費がありますが、ハイブリッド車でもカタログ燃費に近い数字を出すのは非常に難しいことです。それでも、ハイブリッド車であれば、誰が運転してもカタログ燃費の7割近くで走行できますが、ガソリン車の場合は、乗り方次第でカタログ燃費の半分近くになってしまうこともあり

ます。つまり、ハイブリッド車のカタログ燃費が「30km/L」であれば、実燃費は安定して20km/L前後です。ガソリン車のカタログ燃費が「24km/L」であれば、郊外や高速道路では20〜25km/Lをマークすることもあるでしょうが、渋滞を含んだ市街地では10〜15km/L程度でしょう。

ガソリン車とハイブリッド車が設定されている同じ車種の燃費を比較すると、ハイブリッド車のほうがカタログ燃費で2〜3割優れており、実燃費でもその差がほぼ維持されています。実燃費は走行条件に左右されますが、ガソリン車のほうが条件によって燃費の上下幅が大きくなる傾向にあります。走行条件による燃費の差が少ないのもハイブリッド車の特徴です

写真：トヨタ、ホンダ（左上）

グラフ　ガソリン車とハイブリッド車の実燃費比較

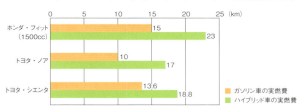

ハイブリッドによる実燃費向上率は、フィット（1500cc）で53％、ノアで70％、シエンタで38.8％

参考：『e燃費』(http://e-nenpi.com/)

Chapter 2-04

プリウスはなぜ走行音が小さいのか?

　街を歩いていると、後方から走ってくるクルマに気付かず、突然、すぐ背後までクルマが迫っていて驚く――そんなことが珍しくなくなりました。それはハイブリッド車がたくさん走っているからです。

　ハイブリッド車が静かな理由はいろいろありますが、ゆっくり走っているときに特に静かなのは、**EVモードで走行しているから**です。EVモードで走っているときはEVと同じですから、エンジン音や部品の作動音、排気音などが発生しません。加えて、エンジン以外の抵抗を減らしていることも走行音を低減させています。

　音は空気の振動で、これもエネルギーの一種です。エンジンから音がするのは、燃料を燃やした際に得られたエネルギーの一部が音になったり、エンジンが回転する際に内部の部品同士が擦れ合ったりすることで起こっています。これらはすべて、**音エネルギーに変換されたクルマの損失**です。

　プリウスなどのハイブリッド車はモーターのアシストが得られるため、エンジンをパワー重視ではなく燃費重視の特性に仕立てています。ガソリンの持つエネルギーをできるだけ駆動力とするため、熱や音として捨てられるエネルギーの割合が小さいのも、音が静かな理由の1つです。

　タイヤのロードノイズやボディの風切り音も音エネルギーに変換されたものなので、クルマにとってはすべて抵抗です。そうした抵抗を可能な限り低減することも燃費の向上につながります。この結果としてエコカーは静かなクルマになるのです。

　プリウスでも防音や吸音などの静音対策が、高級車ほどではあ

りませんが施されています。しかし、そもそも音が発生しないようにつくられていることのほうが、静かさに結び付いているのです。

新型プリウスは、登場時、その奇抜なスタイリングもずいぶん話題になりました。しかし、ヘッドライトなどのデザインはともかく、バンパーや全体のシルエットは、すべて意味のある造形です。居住空間の快適性を高めながら空気抵抗を抑えるために、ルーフラインは曲線のピークを前方へと移動させました　　　　　　　　　　　　　　　　　　　　　　　　　　　　　写真：トヨタ

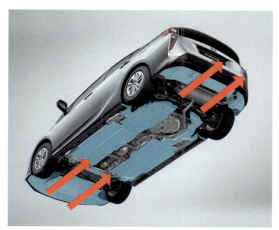

空気抵抗を減らしたり、走行時の安定性を高めるには、ボディ底部の形状が非常に重要です。新型プリウスでは、空気の流れを整えるため、ボディ底面をフラットにする樹脂製パネルを取り付けています。ボディ底部を流れる空気の流速が速くなることで、空気抵抗を減らしながらダウンフォース（路面に吸い付くような力）を発生させ、高速安定性も高めています　　　　写真：トヨタ

Chapter 2-05
なぜハイブリッド車の外観は似ているのか?

　ハイブリッド車は大きく2つのタイプに分けられます。**ハイブリッド専用車**と、同一車種のグレード内にガソリン車とハイブリッド車が設定された**併用ハイブリッド車**です。とはいえ、クルマとしての外観の違いはあまりなく、どれも鋭いノーズに緩やかなリヤゲートを持つ、滑らかなものになっています。

　最近のクルマはカテゴリーごとの違いこそありますが、同じカテゴリー内でのスタイリングの差は非常に小さなものになっています。なぜなら、実用性を重視するクルマであったり、軽自動車のトールワゴンなどボディサイズに制約があったりする場合を除けば、**空気抵抗を重視したデザイン処理**が施されているからです。とりわけ、ハイブリッド車は燃費を追求しているクルマなので、性能に関係しない個性化などの要素は、優先順位がかなり低いのです。

　以前、「トヨタのプリウスとホンダのインサイトのスタイリングが似すぎている」と話題になったことがありました。しかし、空気抵抗の軽減を追求していくと、フォルムが近付いていくのは当然の帰結なのです。

　フォーミュラマシンのようなレーシングカーは、ルールで決められている以上に似通ったデザインです。クルマ以上に空力性能が重視される航空機や、自然の中でフォルムが磨き上げられていった魚類は大部分が同じような形状をしています。それらは自然の摂理と同じです。つまり、**クルマの正常進化形がハイブリッド専用車のスタイリング**なのです。

　従来のクルマであれば、スタイリングなどのデザインも購買層に訴求する大きなポイントだったのですが、ハイブリッド車の購入

を検討している人たちは、カタログ燃費に最大の関心を示すので、スタイリングも個性より、まず燃費を追求したものとなるのは当然でしょう。

しかし、エコカーやハイブリッド車がますます普及してくると、燃費以外にも魅力をアピールするハイブリット専用車が続々登場してくるかもしれません。

上は3代目のトヨタ「プリウス」、下はホンダ「インサイト」です。ヘッドライトやフロントグリルなどのデザインは異なっていますが、全体のシルエットはそっくりです。どちらも、ハイブリッド専用車として限られたボディサイズの中で、居住空間や荷室の容量を確保しながら、空気抵抗を極限まで減らすことを考えて生まれたデザインだからです　　　　　　　　　写真：トヨタ(上)、ホンダ(下)

Chapter 2-06
ハイブリッド車を上手に運転するコツは?

　ハイブリッド車は、幅広い交通環境で安定した好燃費を実現してくれるクルマです。一定の走行条件では優れた燃費のエンジンと、エネルギー効率が高いモーターを併用(バッテリーによる航続距離の短さが弱点ではあるものの)しているからです。それでも、運転の仕方次第で燃費は上下します。ガソリン車と同様に、急加速や上り坂での加速など負荷の大きい状況は、燃費を低下させる要因になるのです。

　それでもハイブリッド車の場合、モーターを併用することで、中程度の負荷であれば燃費の低下を抑えることができます。アクセルを踏みすぎるとエンジンの負担が増えるので、発進時などは周囲の状況や次の信号待ちなどの停車位置を考えて必要十分に加速し、早く定速走行に移ることが好燃費の秘訣です。

　また、ハイブリッド車は減速時に回生充電してバッテリーに電気を蓄える仕組みなので、定速走行からの減速は早めにブレーキペダルを軽く踏み、その弱い減速状態をなるべく長く維持することが燃費を向上させるコツです。

　なお、ハイブリッド車とひと口にいっても、実際は車両の構造や特性によって、燃費を向上させる走り方が若干変わってきます。ある程度までは、運転にまったく気を使わなくても省燃費を実現してくれるハイブリッド車ですが、自分の愛車の特性をよく知り、道路環境に合わせて最適な運転を心がけることで、1～2ランク上の燃費を引き出すことができるのです。

　ハイブリッド車を含めたエコカーの中には、運転を診断してくれる機能を搭載しているものもあります。診断やコーチングに従

って運転するように心がければ、自然と燃費も向上していくことになります。運転が楽しくなって、環境にもお財布にも優しい「一石三鳥」のシステムです。

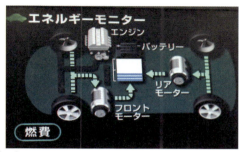

ハイブリッド車の多くは、ダッシュボードにスピードメーターやエンジンの回転計などのほか、エンジンとモーター、バッテリーの稼働状態を表示するモニターを備えています。ハイブリッドならではの駆動の切り替えを視覚的に楽しめるだけでなく、この情報を上手に利用して運転することで、燃費を向上させることもできます 　　　　　　　　　　　　　　　　　　　　　　　　　写真：トヨタ

ホンダのハイブリッド車には、燃費のいい運転を評価してくれるコーチング機能が搭載されています。現在の運転状況のエコぶりを評価するだけでなく、繰り返し走行することでCO_2削減に協力していることが体感できる「ECOガイド」というティーチング機能も盛り込まれています。木々の成長をイメージさせるデザインです 　　　　　　　　　　　　　　　　　　　　　　　写真：ホンダ

Chapter 2-07

ハイブリッド車にバッテリーはあるの？

　ハイブリッド車はエンジンとモーターという2つの動力を搭載しているクルマですから、モーターのエネルギー源である電気を貯めておく**バッテリー**を当然搭載しています。ハイブリッド車に搭載されている駆動モーター用のバッテリーは、EVに採用されているものと基本的には同じです。

　「モーターとバッテリーを搭載しているなら、EVと同じじゃないか」と思う方もいるかもしれません。ハイブリッド車がEVとは異なるのは、バッテリーの搭載量を少なめにして、コストダウンを図ると同時に、**充電設備のない場所へも走っていける利便性**を備えている点です。

　EVは、ある程度の航続距離と車体の軽量化を両立させるために、高性能なリチウムイオンバッテリーをたくさん搭載しています。「車両価格の半分がバッテリーの価格」ともいわれています。そもそもガソリン車から派生したハイブリッド車は、エンジンを搭載することでバッテリーの容量を抑えることが、バッテリーのコストを抑えることにもつながっています。もちろん、航続距離も伸びます。

　ハイブリッド車やEVは、経年劣化によるバッテリーの容量低下が起こるため、5年以上経過したモデルにはバッテリー交換の必要性が生じることがあります。この場合、バッテリー交換の費用は、バッテリーの容量に比例しますから、ハイブリッド車よりEVのほうが高額になるのは間違いありません。

　しかし、メーカーの努力によりバッテリーの価格は年々下がる傾向にありますから、今後はハイブリッド車のバッテリーが大き

くなっていき、**エンジンは発電用に特化**していくことも十分に考えられます。そうなれば、ハイブリッド車とEVの違いはますますなくなっていくでしょう。

プラグインハイブリッド車は、外部からも充電できる大容量バッテリーを搭載した、EVに近いハイブリッド車です。写真はホンダ「レジェンド」に搭載されているリチウムイオンバッテリーです

写真：ホンダ

プリウスに通常使われているのはニッケル水素バッテリーです。リチウムイオンバッテリーと比べるとエネルギー密度で劣りますが、低コストなので車両価格を抑えられます。安定性に優れるというメリットもあります。もちろんリサイクル性にも優れています

写真：トヨタ

Chapter 2-08
ハイブリッド車のモーターはどんなもの？

　ハイブリッド車に使われているモーターには、レアアース（**3-16**参照）を使った強力な磁石が使われており、高効率です。これはEVに採用されているモーターも同じです。しかし、レアアースの採掘は環境を破壊するうえ、そのほとんどをこれまで中国から輸入してきたため、「外交交渉の道具」として使われてきました。そこで日本の研究機関は現在、**レアアースを使わない高効率なモーター**を研究・開発しています。

　現在、ハイブリッド車とEVのモーターの違いは、主に出力の大きさです。ハイブリッド車は、走行用のモーターと回生充電やエンジンによる充電用の発電機をそれぞれ備えていることもあり、システムが複雑なので、モーターユニットの形状こそEVと異なることも多いのですが、内部のモーターの構造はほとんど同じです。なお、ハイブリッド車の場合、モーターだけで走行する速度域が低く、負荷が大きなとき（乗車数が多かったり、急な上り坂を走ったりする場合）は、エンジンとモーターの両方でホイールを駆動することから、それほど力の大きいモーターを搭載する必要はありません。

　ところで、普通のガソリン車にもモーターは搭載されています。エンジンを始動させるためのセルモーターです。ハイブリッド車の場合、エンジンの始動はより強力な走行用のモーターが兼ねるので、セルモーターを搭載しません。そのほか、クルマにはワイパーを駆動するモーターやドアのサイドウィンドウを開閉するモーター、メーターの針を動かすモーター、冷暖房の風をつくり出すファンのモーターなど、大小さまざまなモーターが搭載されています。

ZFがBMWやメルセデス・ベンツ、VWグループと共同開発したハイブリッド・トランスミッションは、従来のATのトルクコンバーター部分にモーターとクラッチを組み込んでいます。これにより、車体の構造はそのままに、バッテリーを搭載するスペースを確保するだけでハイブリッド化を可能にしました 　　　　　　　　　　　　　　　　　　　　　　　　　　　　　写真：BMW

ハイブリッド車には、駆動・回生充電用のモーターだけを備えた1モーター式と、駆動・回生に加えて発電用のモーターを備えた2モーター式があります。2モーター式はエンジンとモーターの効率のいい部分を引き出しやすいので燃費性能に優れますが、当然、生産コストは上昇します。写真はアコードハイブリッドの2モーター式です 　　　　　　　　　　　　　写真：ホンダ

Chapter 2-09
モーターは自動車と相性がいいの？

　エンジンは幅広い回転数で回りますが、その範囲の中でも効率のよい回転数の領域が存在します。自動車メーカーは、研究・開発によって効率のよい回転数帯を広げるように工夫していますが、燃料と空気を吸い込んで、排気ガスを押し出す往復機関である以上、一定時間で効率のよい運転をするには条件が限られます。

　一方、モーターは磁力の吸引と反発を利用して、駆動力を発生させる回転機関です。部品点数や部品同士の摩擦による損失が少ないのも長所です。EVは発進時から力強い加速を誇りますが、これは磁力の吸引と反発の力を最も強く発揮できるのが、止まっている状態から動き始めるときだからです。モーターは、よほどの高回転にならないかぎり、安定したトルク（タイヤを回す力）を発生します。逆に、走り出して一定の速度になってしまうと、回転に勢いが付いているため、モーターの力強さは感じにくくなります。

　しかも、エンジンは回転数が2倍になると燃料も2倍前後を消費しますが、モーターは回転数が上下しても、回っている時間が同じであれば、それほど電力消費は変わりません。電力消費が変化するのは負荷の大きさが関係するので、発進時などは変速機を用いてトルクを増幅したほうが電力消費を抑えられますが、EVは基本的に変速機を必要としません。

　なぜなら、前述のようにいったん走り出してしまえば、モーターの回転数の違いによる電力消費の差はあまりなく、発進時に力強い加速を実現できるので、発進時だけのために変速機を搭載するのは、コストや効率面から考えればあまり意味がないのです。

また、クルマを後進させるときは電流を逆転させればいいので、バックギアも不要です。

変速機が必要ないので駆動損失や騒音も減らせます。エンジンのように燃焼による高熱も発生しないので、冷却による損失も少なくて済みます。

このように、低速からの力強い走り、損失の少なさ、静かで少ない振動など、**エンジンにはない数々の魅力をモーターは備えている**のです。

モーターの特性は、乗物の動力として非常に優れています。磁力の吸着と反発を利用するため、発進時に最も力強さを感じます。高回転になっても電力の消費量はあまり増えず、負荷によって消費量が変わるので、基本的に変速機を必要としません。後進したいときは電流を逆転させれば逆回転します

写真：ホンダ

最近の動力用モーターは、表面積の大きな角形の銅線でコイルを巻いたり、強力な磁石が使われることで、効率よく電力を駆動力に変換できるようになっています

写真：髙根英幸

Chapter 2-10
なぜモーターからエンジンへのシフトがスムーズ?

　ハイブリッドカーは、走行用バッテリーの充電量が十分な状態なら、モーターの力だけで発進することができます。さらに力強い加速が必要なら、アクセルペダルを強めに踏み込むことで、加速しながらエンジンを始動させ、モーターとエンジンの両方の駆動力を使って、さらに強い加速が可能です。

　そのときエンジンの駆動力が伝わっても、車内の乗員はほとんどショックを感じることなく、スムーズで滑らかな加速感のまま力強く走ります。もし、エンジンの力が加わった瞬間にガクンとショックを受けたり、体がのけ反ってしまうような急激な加速では、安全性に問題が生じますし、燃費はよくても快適な走りは望めません。

　ハイブリッド車を開発するエンジニアは、こうした点においても、ガソリン車と同等の快適性を実現するために、さまざまな技術を駆使して、工夫を凝らしています。たとえば、エンジンの駆動力を伝える際に、**クラッチのつながり方とモーターの駆動力をきめ細かくコントロールすることで、衝撃や振動を吸収**しています。プリウスなどトヨタのハイブリッド車の場合は、エンジンの力とモーターの力を遊星ギアでバランスさせて、タイヤに伝えています。モーターへの電力を調整して、力と回転数を調整することにより、エンジン回転数とタイヤの駆動力をそれぞれ制御しているのです。

　また、エンジン始動時は負荷が増えるので、発電用モーターに電力を与えて回転させますが、それで加速感がぎくしゃくしないように、**タイヤを直接駆動する走行用モーターの出力を瞬時に調**

整しています。人間の感覚では察知できないほどの反応速度でモーターの力を制御することにより、スムーズな走りを実現しているのです。

ホンダ・アコードハイブリッドの場合、通常時はエンジンが発電機を回してバッテリーに電力を蓄え、その電力でモーターを駆動して走行します。そのため、発電用と走行用に強力なモーターを備えています

写真：ホンダ

BMWのアクティブハイブリッド5、アクティブハイブリッド3に搭載されている8速ATには、トルクコンバーターの代わりにモーターとクラッチが組み込まれています。モーターは変速機側と直結しており、クラッチでエンジンとの断続を行ないます。モーターだけで走行するときはクラッチを切り離し、エンジンのみ、あるいはエンジンとモーターで走るときは、クラッチをつないでエンジンの駆動力を変速機へ伝えます

写真：BMW

Chapter 2-11

ガソリンを使い切ったらどうなる？

　前述したようにハイブリッド車の走行用バッテリーの容量は、それほど大きくありません。それにモーターを積極的に使って燃費を向上させる仕組みですから、「燃料ゼロの状態でバッテリーがフル充電」という状況も、まずあり得ません。なので、**ハイブリッド車にとっても、ガス欠は立ち往生してしまう原因の1つです**。「燃費がよい」とはいっても、そのぶん燃料タンクの容量も小さめなので、早めの給油を心がけたいものです。

　特にクルマの燃費が全体的に向上したことや、燃料高によってクルマの使用を控える傾向が強まっていることもあり、ガソリンスタンドの閉鎖が全国で相次いでいます。今では、高速道路上で150km以上もガソリンスタンドが存在しない区間もあります。

　もちろんそこは、渋滞などめったに起こりそうにない地方なので、10Lも残っていればガス欠にはならないでしょうが、うっかりその前後のサービスエリアで給油し忘れると、ガス欠になってしまう可能性もあります。万一、ガス欠になるとJAF（Japan Automobile Federation）などのロードサービスを呼んで給油してもらうしかありません。高速道路上でのガス欠は道路交通法における違反行為ですし、路肩に停車している状態や、そこから降りて歩き回る行為は非常に危険です。

　ハイブリッド車のエンジンには通常のガソリン車と同様、電子制御の燃料噴射装置が採用されていますが、これは**燃料がなくなってしまうと可動部にダメージ**を与えてしまいます。いかに燃費に優れたハイブリッド車でも、長距離ドライブにおいては、余裕を持った休憩や給油ポイントを計画したいものです。

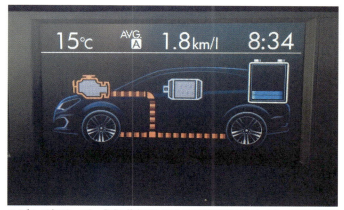

ハイブリッド車であっても、発進と停止を繰り返すような運転を繰り返していては、燃費も極端に低下します。その状態ではバッテリーの充電量も低くなりがちで、「ガソリンがなくなってもバッテリーの充電分で走行できる」とは言いがたい状況であることがわかります。写真はスバル・XVハイブリッドです

写真：髙根英幸

写真はスバル・XVハイブリッド

写真：スバル

Chapter 2-12

電池が切れたらどうなる？

　ハイブリッド車のモーターは、走行用バッテリーの充電量がゼロになったら回りません。ガソリン車として走るだけです。ですから、ハイブリッド車として機能し続けるため、減速時は回生充電し、信号待ちなどの停車中にもエンジンが発電機を駆動してバッテリーを充電しています。

　なお、ハイブリッド車は走行中も充電していますが、普通に走行しながら、走行用のバッテリーへの充電もしなければならないので、エンジンの負担は相当なものです。そのため、ハイブリッド車のガソリンエンジンには余裕があります。低負荷時は、空気や燃料を少ししか吸い込まず、燃焼後に大きく膨張させることで、燃料のエネルギーをより駆動力に変換しています。これを**アトキンソン・サイクル**といいます。つまり、実質的には排気量可変のエンジンなのです。

　なお、プラグインハイブリッドであれば**EVスタンド**で充電できます。充電中はクルマを動かせませんが、エンジンで発電するよりも、環境やお財布にも優しいのは間違いありません。1日の走行距離が50km以下であれば、プラグインハイブリッドはEVと同じ使い方ができると思っていいでしょう。それでいて、いざというときには長距離走行もこなせるのがプラグインハイブリッドの強みです。

　ただし、燃料タンクに入っているガソリン、特に燃料系統に送り込まれているガソリンは劣化しやすいので、ときどきはエンジンを使って走るように心がけたほうがトラブルを起こしにくいでしょう。

回生充電（走行中の減速エネルギーを回収して電力として蓄える）ができるのがハイブリッド車の強みです。プリウスやエスティマなどトヨタのハイブリッド車や日産フーガ、スカイライン、エクストレイルなどのハイブリッド車は、走行しながらエンジンの動力でモーターを駆動して発電することもできるので、充電量が不足したらモーターを発電に専念させてバッテリーを充電することもできます。写真はフーガのハイブリッドエンジンです

写真：日産

プラグインハイブリッド車はバッテリー容量が大きく、EVモードでの走行距離が長いのも特徴です。バッテリー内の電力を使い切ってしまっても、エンジンで走行を続けられます。ただし、走行しながら充電もするため、燃費は低下します

写真：トヨタ

Chapter 2-13
バッテリーに寿命はあるの？

　ハイブリッド車の走行用バッテリーは**二次電池**と呼ばれ、充電して繰り返し使えます。しかし、無限に使い続けられるわけではありません。バッテリーの種類にもよりますが、現在、ハイブリッド車のバッテリーとして用いられているニッケル水素バッテリーやリチウムイオンバッテリーは、2000回程度の充放電を繰り返すと、その能力が低下してしまいます。

　ただし、この回数は満充電からほぼ完全放電に近い状態になってからの充電の場合ですから、小刻みな放充電を繰り返すハイブリッド車の場合はさらに厳しく、5〜7年くらいでバッテリーを交換する必要性が出てくると思われます（使い方によっても変わってきますが）。

　ハイブリッド車の場合、自動車メーカーとしては、車体とバッテリーが同じ寿命となるようにバッテリーのマネジメントなどを工夫しているようですが、それでも使い方によっては、バッテリー寿命のほうが早く尽きてしまうことは十分に考えられます。

　交換費用はバッテリーの種類や容量で異なりますが、プリウス（ZVW30型）やアクアで10万円台後半といわれています。しかし、これは現時点での費用ですから、3〜5年後には今よりも安くなっている可能性は十分にあります。自動車メーカーは、さらに充電回数や急速充電に優れたバッテリー（たとえば東芝のリチウムイオンバッテリーSCiB）を採用する例も増えており、**年々バッテリーのコストも下降傾向にあるので、バッテリー交換の負担はこれからさらに少なくなりそう**です。

　こうして、エンジンと比べて部品点数が少なく、熱や振動の発

生も少ないモーターが動力のメインになっていくと、バッテリーの耐久性次第で、クルマの「平均寿命」を20～30万kmに延ばすことも不可能ではなくなるかもしれません。そうなれば、クルマ社会はますますエコになっていきそうです。

ハイブリッド車のバッテリーが劣化してくると、充放電できる電力が減るためにEVモードでの走行距離が短くなり、エンジンの力でモーターを駆動して発電する時間が多くなってしまいます。ハイブリッド車に使われているバッテリーは何百回もの充放電を繰り返せるようになっていますが、寿命後は住宅用の蓄電池としてリユースしたり、リサイクルするようになっています　　写真：ホンダ

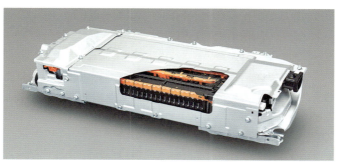

プリウスの一部グレードには、高性能なリチウムイオンバッテリーも使われています。エネルギー密度が高く、充放電の効率にも優れているのが特徴です　　写真：トヨタ

Chapter 2-14
「SUPER GT」に参戦中の プリウスは何者?

　「SUPER GT」選手権は、日本国内のツーリングカーレースの最高峰クラスです。ここにプリウスで参戦しているチームがあります。ただし、これは市販車のプリウスをベースとしたものではなく、**レース用として専用に開発された車両**で、エンジンは市販車(1.8L)より大きな3.4LのV型8気筒エンジンをドライバーの後ろ、ミッドシップレイアウトで搭載しています。名前やヘッドライト周りなどの見た目はプリウスのようですが、まったくの別物です。

　プリウスのワンメイクレースは燃費を競いますが、このSUPER GTは、もちろん燃費がよいだけでは勝てません。世界でもトップレベルのツーリングカーレースで戦うにはさすがに、市販車のボディやレイアウトのままでは無理なので、レーシングカーとして新たに設計・製作されています。

　市販車では金型をつくり、鋼板をプレス、溶接してモノコックボディとしていますが、このレーシングカーは、炭素鋼のパイプを溶接してつくり上げたスペースフレームに、カーボンファイバーやガラス繊維でつくったボディカウルを装着しています。

　とはいえ、**SUPER GTに参戦しているプリウスに使われているモーターやバッテリーは、基本的に市販車と同じものです。**

　プリウスでレースに出場する目的は、ハイブリッド機構の信頼性を確認し、ハイブリッドが加速性能や燃費にどれだけ寄与できるかを調査するためです。プリウスの知名度アップ、イメージづくりという側面もあるでしょう。

　このプリウスは2012年から参戦し、個性派揃いのGT300クラスでも異彩を放っていて、2013年には初優勝しています。なお

GT300クラスには、プリウスのほかにホンダのハイブリッドスポーツカー「CR-Z」をベースにしたマシンも参戦しています。

SUPER GTを戦うプリウスは「顔つき」こそ市販車のイメージを受け継いでいますが、鋼管スペースフレームでミッドシップにV6エンジンとモーターを組み合わせて搭載する、完全なレーシングカーです
写真：池田志信

モーターやバッテリー、PCU（パワー・コントロール・ユニット）などは市販車のものをそのまま利用しています
写真：池田志信

Chapter 2-15

高級車がハイブリッドを採用する意味は？

　ハイブリッドモデルは、日本や欧州の自動車メーカーの高級車にも用意されています。レクサス「LS600h」や日産「フーガ・ハイブリッド」、メルセデス・ベンツ「S400ハイブリッド」「BMWアクティブハイブリッド7/アクティブハイブリッド5」などが代表的でしょう。高級車でも燃費を向上させるには、ハイブリッドシステムが非常に有効です。**高級車は排気量が大きいので、エンジンを停止して走行できれば燃費は大きく向上**します。市街地での発進・停止を繰り返すような走り方の場合はもちろん、高速道路でも一定速度で巡航しているときは、モーターだけの走行に切り替えるモードを用意している高級車もあるほどです。

　また、販売車種全体の平均燃費を向上させれば、自動車メーカーとして欧米市場で課せられている税金の負担が軽くなります。さらに、社用車として高級車を購入する企業の中には、「環境保護を重視している」というイメージをアピールするため、燃費性能に優れたクルマを使いたいところも少なくないのです。

　ホンダの「アコードハイブリッド」は、高級車でありながらコンパクトカー並みの燃費を実現した驚異のハイブリッド車です。2014年にはプラグインハイブリッドに進化しており、高級車では燃費が悪化しやすい市街地での走行でも、EVモードでおよそ35kmの走行が可能です。**これは十分なバッテリー容量を持つため**です。しかも、プラグインハイブリッドですから、1日の走行距離が少なければ、ガソリンを1滴も使うことなく自宅に戻ってこられるのです。こうなってくると、コンパクトカーと高級車でわずかな電気代の差しかなくなってきます。

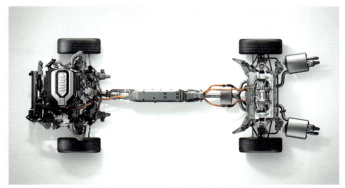

ホンダのレジェンド・ハイブリッドは、V6エンジンを搭載し、加えて前輪に1モーター、後輪は左右独立式の2モーターを採用して、強力な加速力と16.8km/L(JC08モード)の好燃費を誇ります。さらに、リアのモーターの駆動力を調整することで、安定したコーナリングも実現しています　　　写真:ホンダ

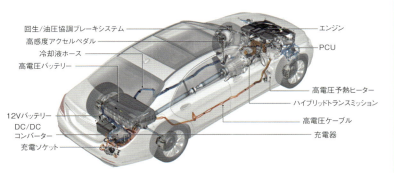

メルセデス・ベンツのSクラスにもハイブリッドは用意されています。縦置きされたトランスミッションのトルクコンバーター部分をモーターとクラッチに置き換えて、バッテリーとPCUを組み込むことにより、ハイブリッド化を実現しています。イラストはガソリンエンジンを搭載したS500プラグインハイブリッドですが、より高効率なディーゼルエンジンとハイブリッドを組み合わせたS300hは、超高級大型車でありながら20.7km/L(JC08モード)という好燃費を誇ります

イラスト:メルセデス・ベンツ

Chapter 2-16
フェラーリにもハイブリッド車があるの？

　ハイブリッド車は、スーパースポーツカーの代表的メーカーであるイタリアのフェラーリでも生産されています。「ラ・フェラーリ」というクルマです。ミッドシップのV型12気筒エンジンに加えて、駆動用のモーターも搭載しています。800ps（馬力）のエンジンに163psのモーターを組み合わせて、強力な加速力とCO_2の排出量削減を実現しています。2013年3月、同社の新しいフラッグシップモデルとして499台を限定生産すると発表されました。

　ただし、発進や低速走行時はモーターだけで走行するEVモードなどはないので、一般的なハイブリッド車とは違います。フェラーリのハイブリッドは、F1マシンに搭載されているKERS（Kinetic Energy-Recovery System）と同じく、減速時に運動エネルギーを電力として回収し、加速時にエンジンとともに駆動することで、先代モデルを上回る加速力と、省燃費を実現しています。

　スタイリングは、イタリアのクルマらしい華麗さと先進さの中に、往年のレーシングスポーツを彷彿させるモチーフも感じさせる、何とも魅力的なものです。価格は1億6,000万円といわれていますが、世界中の富裕層から人気を集め、購入希望が1000件以上も殺到したとのことです。

　スーパースポーツカーのハイブリッドモデルはフェラーリ以外にもあります。ポルシェ「918スパイダー」は、ポルシェのミッドシップスーパースポーツ「カレラGT」の後継として開発されたモデルです。エンジンはカレラGTのV型10気筒5.7LからV型8気筒、4.6Lにスケールダウンしましたが、フロントタイヤはそれぞれ独立した

ラ・フェラーリには、F1マシンに搭載されているエネルギー回生装置KERSに似たハイブリッド機構HY-KERSが組み込まれています。モーターはリアに縦置きされた変速機の後端に組み込まれており、減速時に回生充電を行い、加速時にはアシストすることで、強力な加速力と環境性能を両立させています

写真：フェラーリ

ポルシェも「918スパイダー」という高級ミッドシップスポーツにハイブリッド機構を採用しました。ミッドシップのエンジンと変速機の間にモーターを挟み込み、さらに前輪にもモーターを備えることで、EV走行でも強力な加速力と、4WDならではの高い操縦安定性を実現しています

イラスト：ポルシェ

モーターで駆動し、リアタイヤもトランスミッションに装備されたモーターがアシストする仕組みです。これにより、EVモードでの走行もおよそ30km可能なほか、フルタイム4WDとして操縦安定性や加速性能の向上も図られています。

マクラーレンも「P1」というスーパースポーツカーに独自のハイブリッドシステムを搭載しています。これは737psのV型8気筒ターボエンジンに179psのモーターを組み合わせ、EVモードで10kmの走行が可能なほか、フル加速時にはトータル出力916psものパワーを発揮して、猛烈な加速力を誇ります。

こうしたスーパーカーを購入するユーザーは富裕層なので、燃費を気にしている人はそれほど多くないのですが、メーカーにとっては、燃費や排気ガス規制をクリアすることが技術的にも要求されている時代です。また、そんなクリーンでエコなスーパーカーを乗り回すのがクール（知的でカッコいい）と考えるユーザーも増

ラ・フェラーリは限定販売のハイブリッド・スーパースポーツカーで、あっという間に予約で完売してしまいました

写真：フェラーリ

えています。今後はスーパースポーツカーにもハイブリッド車が増えていくことになると予想されています。

先ごろ、フェラーリにはオープンモデルのアペルタというモデルが追加されました　写真：フェラーリ

パワーユニットや走行性能はそのままに、オープンエアの爽快感と、往年のレーシングカーのようなムードを演出しています　　　　　　　　　　　　　　　　　　　　写真：フェラーリ

Chapter 2-17
「ル・マン24時間レース」はハイブリッド車でないと勝てない？

　「ル・マン24時間レース」は世界3大レース（インディ500、モナコグランプリ）の1つでもあり、長い歴史と伝統があります。レースの時期だけ一般道を封鎖して「ブガッティ・サーキット」と連結することで、13.6kmもの長距離コースを3人のドライバーが交代して24時間走り続ける、非常にタフなレースです。

　アウディは1999年からLMP（Le Mans Prototype）マシンによるル・マン24時間レースへの挑戦を始め、2014年までの間に13回も勝利しています。2006年からはパワーユニットをディーゼルエンジンとした「R10」へ進化し、2012年からはディーゼルエンジンにモーターを組み合わせたハイブリッド車に進化しています。アウディが燃費に優れたディーゼルエンジンにモーターを組み合わせて、さらなる燃費性能の向上を図ったのは、ライバルであるプジョーもディーゼルエンジンを搭載し、2009年に優勝をさらわれたことがあるのかもしれません。

　ハイブリッド化のメリットは、もちろん燃費向上だけではありません。**リアタイヤをエンジンで、フロントタイヤをモーターで駆動する4WDとすることで、加速力を強化しつつタイヤの負担をより均等化できる**のも大きな強みです。24時間速く走り続けるには、燃料とタイヤの消費をいかにセーブできるかにかかっているからです。

　2012年からは、トヨタもル・マン制覇を目標に掲げたハイブリッド車のLMPマシン「TS030」を開発し、世界耐久選手権に参戦しています。ポルシェもふたたびル・マンでの栄光を取り戻すべく、「919ハイブリッド」で2013年から参戦しています。各自動車

メーカーのパワーユニットの仕様やレイアウトなどは微妙に異なっています。**独自の仕様にすることでレースに勝ち、自社の技術力の高さをアピールするのが狙い**だからです。そういう背景を理解して耐久レースの戦いぶりを見てみると、レース観戦がさらに楽しくなります。

トヨタ「TS050ハイブリッド」　　　　　　　　　　　　　写真：トヨタ

ガソリンエンジンのV6ツインターボをミッドシップとして、変速機と前輪の両方にモーターを備えています。最高出力はエンジンが500ps、前後のモーターが合計500ps。ハイブリッドシステム総合で1000psのパワーとなります
　　　　　　　　　　　　　　　　　　　　　　　　写真：トヨタ

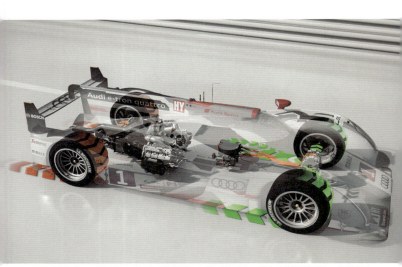

アウディ「R18」はディーゼルのV型6気筒エンジンをミッドシップとして後輪を駆動し、前輪をモーターで駆動します。ディーゼルエンジンは4Lの排気量から558psを発生、モーターは475psを発揮し、システムとしてのトータル出力は1033psです

写真：アウディ

ポルシェ「919ハイブリッド」は、V型4気筒のターボエンジンをミッドシップとして、前輪をモーターで駆動します。エンジンは500ps、モーターは400psを発生し、システムパワーとしては最高900psを誇ります。ユニークなのは、排気ガスのエネルギーで発電機を回して、回生充電と合わせてバッテリーに電力を蓄え、モーターにより多くの電力を供給する仕組みの採用です

写真：ポルシェ

ル・マン24時間で何度も優勝経験のあるアウディの最新ル・マン・プロトタイプ1（LMP1）、R18です。空気抵抗の少ないボディとV6ディーゼルエンジンにモーターを組み合わせたハイブリッドシステムを搭載しています

写真：アウディ

エンジンから出る排気ガスの圧力をターボチャージャーと発電機に振り分けることで、エンジンパワーの調整とバッテリーへの充電に利用するのが特徴です。フロントのモーターは非常に強力で、減速時には発電機となり、回生エネルギーでバッテリーを充電します

イラスト：ポルシェ

Chapter 2-18

簡易型のハイブリッドは何が違う?

　プリウスなどのハイブリッドは、別名**フルハイブリッド**とも呼ばれ、幅広い走行域でモーターとエンジンを組み合わせて走行できます(トヨタは「ストロングハイブリッド」と呼んでいます)。しかし、ハイブリッド車で燃費を稼ぐのは、主に減速時の回生充電と高負荷時(発進時、加速時)のアシストです。

　そこで、この部分だけをエンジンに追加した簡易型のハイブリッドがあります。これを欧州では**マイルドハイブリッド**と呼んでいます。マイルドハイブリッドは、アイドリングストップ、発進時や加速時のアシスト、減速時の回生充電のために、従来の発電機を発展させたISGを搭載しています。これは**エンジンのスターターモーターと発電機を一体化して、強力なモーターとして搭載したもの**です。

　発電機を回していたベルトは、エンジンをアシストするために大きな力を伝えますから、より強靭なものにする必要がありますが、エンジンや駆動系は従来のものをそのまま使えるので、車両価格も抑えられます。もちろん、負荷が高いときにだけモーターがアシストするので燃費性能が高まります。スズキは同様のシステムを**Sエネチャージ**という名称で採用しています。加速は力強くなり、燃費も向上するシステムなので、搭載のためのコスト増も、燃費削減分で十分にもとが取れる装備でしょう。

　欧州では効率を高めるため、ハイブリッド部分を高電圧化した**48Vシステム**というものが考案され、これから普及しようとしています。これにより「モーターはいっそう強力になり、減速時の回生充電も発電量を増やせる」というのが欧州のパーツサプライヤ

ーの主張です。今後、こうしたマイルドハイブリッドはますます増えることでしょう。

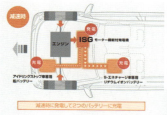

スズキのSエネチャージは、減速時に発電機の発電量を増やして専用のバッテリーに充電し、加速時には発電機をモーターとして利用することでエンジンをアシストして燃料の消費を抑えます。これがマイルドハイブリッドです。欧州ではハイブリッド機構の電圧を48Vに高めることで、さらに効率を高めたものが開発されています

イラスト:スズキ

日産が「セレナ」に採用しているSハイブリッドもスズキ同様、マイルドハイブリッドです。通常の発電機を駆動するベルトに比べてじょうぶなベルトでISG（モーター機能付き発電機）とエンジンがつながっているのがわかります

写真:日産

Chapter 2-19

洗練されたハイブリッド──BMW「i8」

　世の中の流れは確実にエコロジーへと向かっていますが、クルマはスピードや美しさ、操る楽しさといった魅力を捨てて、実用性や環境性能だけを追求していくようになってしまうのでしょうか？

　そんなクルマ好きが心配するような状況に対するBMWの回答が、この「i8」です。これは2009年のドイツ・フランクフルトモーターショーに「ヴィジョン・エフィシェント・ダイナミクス」の名で出品されたコンセプトカーですが、早くも量産車として市販化されたのです。環境性能を意識したスポーツカーは、これまでにも登場していましたが、i8の高性能ぶりは突出しています。

　リアに搭載する1,000ccの3気筒エンジン（231ps）が後輪を駆動し、フロントに搭載するモーター（131ps）が前輪を駆動します。トータルパワーはこれらを組み合わせた362psとなり、最高速度は250km/h（欧州仕様）です。また、前輪のみをモーターで駆動するEVモードで40.7kmも走れます。JC08モード燃費は19.4km/Lですが、プラグインハイブリッドなので、バッテリーを使い切らずに走るたびに充電すれば、ほとんどガソリンを消費しません。

　車体の中心には、縦に細長く整列したリチウムポリマータイプのバッテリーが置かれています。重量物を重心に近付けることで運動性能にも優れています。コーナーリング性能も高いのですが、F1で培われた技術が投入されているからです。4人乗りの居住性を実現しながら、これだけの性能を実現しているのは、さすがBMWです。

　価格は1,966万円とスーパーカー並みですが、i8は最先端のレー

シングテクノロジーとハイブリッドテクノロジーを1台のクルマに詰め込んだ新世代のスポーツカーなのです。

低く身構えるような姿勢のBMW「i8」。コンセプトカーの「ヴィジョン・エフィシェント・ダイナミクス」からの変更点はごくわずかです。コンセプトカーとして発表後、これほど未来的なクルマが数年で市販されたことに、自動車業界は衝撃を受けました　写真：BMW

リアシートはやや狭い2+2というレイアウトですが、スポーティな高性能クーペとして十分な性能と、ハイブリッドカーとしての環境性能を兼ね備えています　写真：BMW

i8は前輪をモーター、後輪をエンジンが駆動します。バッテリーと燃料タンクは、その間に細長く置かれるレイアウトです。エンジンには6速ATが組み合わされ、モーターにも減速ギアが装備されています
写真：BMW

Column2

自動運転が実用化されたら燃費は向上する?

　現在、グーグルや自動車メーカー、自動車部品メーカー、電子制御のソフトウェアメーカーが開発に力を入れているのが、自動運転車です。これは文字どおり、運転を自動で行ってくれるもので、ロボットカーとも呼ばれています。

　ステアリング操作やアクセル、ブレーキなどの操作を人間に代わって行うことで、運転操作のミスや判断の甘さという人間特有の問題を解決し、安全な交通社会を実現しよう、というのが目的です。

　この自動運転は、安全性だけでなくクルマの燃費向上にも役立つことになるでしょう。というのも、一般的な運転では無駄な加速や減速の操作が多く、さらに燃費は、信号機などのある交差点での発進や停止の操作でも悪化します。

　自動運転になれば、信号の予測に合わせた走りなど、無駄の少ない走りを、誰でも意識せずにできるようになります。

　実は、すでに量産車への搭載が進んでいるアクティブ・クルーズ・コントロール(ACC)でも、かなり燃費改善の効果は狙えます。なぜなら、前方のクルマとの車間距離を保ちながら、巡航するように速度を調整することで、自然渋滞の発生を抑える効果が期待できるからです。

　完全な自動運転が普及すれば、交通事故による渋滞は大幅に削減されることになるはずです。これにより無駄な加速や減速が減るので、燃費は確実に向上し、排気ガスによる二酸化炭素の排出や大気汚染も、さらに減少することは間違いありません。

BMWはエンジン技術に優れたメーカーですが、EVにも力を入れています。写真はカーボンファイバー製のモノコックボディを採用した革新的なEV、BMW「i3」です 写真：BMW

Chapter 3

電気自動車（EV）の最前線

電気自動車（EV）は、バッテリーを充電して、その電力でモーターを駆動して走ります。この章では、シンプルな構造で力強い加速とクリーンな走行を両立したEVにまつわる数々の疑問にお答えしましょう。

Chapter 3-01

EVにガソリンはいらないの？

　ハイブリッド車とは異なり、基本的に**電気自動車（EV）は、バッテリーに充電された電気だけで走行する仕組み**です。家庭や職場の駐車場で充電するだけで毎日の移動に使えるのは、手軽で利便性が高いといえるでしょう。ところが、EVの中にもガソリンを必要とするモデルが存在します。発電用の小さなエンジンを搭載した**レンジエクステンダー**というEVです。レンジエクステンダーとは「行動半径を広げるもの」という意味ですが、発電しながら走行できるようにすることで、バッテリーの能力以上に航続距離を延ばせるEVです。

　したがって、レンジエクステンダーはEVでありながら小さなエンジンと燃料タンクを装備しているので、バッテリーの充電分だけで走行を繰り返していると、燃料タンク内のガソリンが古くなり、腐ってしまうこともあります。これを防ぐには、**燃料タンク内のガソリンを定期的に入れ替えるために燃料を消費する必要**があります。長い間運転させていないとエンジン自体も可動部分が固着したり、錆やオイル漏れの原因になったりする場合があります。エンジンオイルや冷却水の定期的な交換も必要になるので、ハイブリッド車と同じメンテナンスが必要です。メンテナンスを怠ると、エンジンの調子が悪いことにも気が付きません。いざ使おうと思ったときに発電してくれなければ、エンジンを搭載している意味もありません。

　ガソリン車ならば、フルサービスのガソリンスタンドで燃料を給油したときなどにエンジンルームを点検してもらい、エンジンオイルや冷却水を交換してもらう機会もあります。しかし、レンジ

エクステンダーEVは、充電だけで走り続けていればガソリンスタンドに立ち寄る必要はありません。となると、車検などのタイミングで、不具合がないか点検してもらうのが無難でしょう。EVといってもブレーキやステアリング装置などはガソリン車とほとんど同じ構造ですから、車検はあります。EVがかなり普及するまでは、ディーラーできちんと整備を受けるべきでしょう。

このように、レンジエクステンダーEVはハイブリッド車とEVの中間的な存在なので、バッテリーの性能が向上したり、充電システムの革新的な進化があったりすれば、いずれは姿を消すかもしれません。

BMW「i3」にオプションのレンジエクステンダーを搭載したモデルです。レンジエクステンダーは、補助の発電用ガソリンエンジンで、1回の充電による航続距離を伸ばします。レンジエクステンダーを搭載している場合は、発電用の燃料としてガソリンを搭載します　　　　写真：BMW

Chapter 3-02
モーターは内燃機関よりも
エネルギー効率がいい？

　ガソリンエンジンの熱効率は、最近のエコカーでも35％ほどです。ディーゼルエンジンでも45％ほどといわれています。摩擦による損失や、燃焼で発生した熱の大部分を捨てていることが大きな理由です。これに対して、モーターは電力の90％を駆動力に変換していますから、エネルギー効率の面から見れば圧倒的に高効率です。これはモーターの構造がシンプルで損失が少ないためです。現在、ガソリン車の最終的なエネルギー効率は1割弱、ハイブリッド車は2割弱、EVと燃料電池車は3割弱といわれています。

　ただし、火力発電所のエネルギー効率は40〜60％といわれており、送電のための変圧や電線でのロスも5〜10％存在します。ガソリンなどの化石燃料は、蒸発分を除けば、燃料タンクに充填されるまでの損失は非常に少ないです（もちろん、EVはこれらを考慮してもまだまだ高効率ですが）。

　エンジンも昔に比べればかなり改善されていて、実際の燃費は20年前と比べると倍近くに伸びています。エンジニアはこれまでエンジンのあらゆる部分を見直して、少しずつロスを減らし、効率アップを積み重ねてきました。さらなる熱効率向上や車体の走行抵抗の低減などで、ガソリン車の効率は今後も向上するでしょう。排熱利用による発電など、これまで捨てていたエネルギーの回収も大きなテーマです。

　一方、EVの車体面での効率はすでに十分に高いことから、ここから大きく向上させるのは難しいかもしれません。とはいえ、バッテリーのエネルギー密度や充電システムの改善が進めば、利便性が大きく向上して、EVの普及を加速させそうです。

今後、再生可能エネルギーなどを使ったたくさんの小規模な発電所がネットワーク化されるなどスマートグリッド（次世代送電網）が構築されれば、前述の送電ロスなども減らせるかもしれません。

インホイールモーターは、クルマのホイール内にモーターを組み込んでダイレクトにタイヤを駆動するため、EVの中でもさらにエネルギー効率が高いといわれています。現在、小型で薄いインホイールモーターが開発されており、それが普及すればコンパクトカータイプのEVはかなりの性能向上が見込まれ、近距離移動には非常に便利でエコな乗物になるでしょう
写真：髙根英幸

日産「リーフ」のパワーユニットは、下3分の1がモーター部分で、その上には電流を変換するインバーターや、電流をコントロールするPIUが積み上げられています
写真：日産

Chapter 3-03

変速機やクラッチがないって本当？

　エンジンには**効率のよい回転数**があります。クルマの状況に合わせて最適な回転数を得るために存在するのが変速機です。たとえば、発進時は少ない回転数でも大きなトルクを得られるギアを用いますが、高速走行時は慣性の力が働くので、エンジン回転を抑えてスムーズな走りと燃費をよくする高いギア（減速比の少ないギア）を使います。また、後進時はタイヤに伝わる回転方向を逆向きにする必要がありますが、そのままでは逆回転できないのでギアが必要です。

　一方、モーターは静止しているときに磁力の吸着と反発をいちばん発揮できるので、発進時から力強く加速できます。また、モーターの電力消費は負荷の大きさによるところが大きいので、回転数が上昇しても、電力消費はあまり増えません。発進時は電力消費が増えますが、その後、速度を上げていっても電力消費は増えないのです。

　このため、通常、EVに変速機は搭載されていません。高速巡航時に回転数を落とすため、また発進時により大きなトルクを得るために変速機を採用するケースもありますが、**軽量化や伝達効率の点から、変速機を搭載しないほうが一般的**です。それでも、EVの効率追求が進めば、今後は変速機を搭載するかもしれません。その場合は、変速ショックが少なく伝達効率の高いDCT（デュアルクラッチ変速機）が最有力候補です。

　なお、変速機がないのでクラッチもありません。クラッチは、回転中のエンジンから、動力を変速機に伝えたり、遮断したりする機構です。ガソリン車のMT車だけでなくAT車にもトルクコン

バーターという流体クラッチが搭載されています。

日産「リーフ」のエンジンルームに収まっているパワーユニットは、モーターと減速ギア（回転数を落としてトルクを増幅させる）、左右タイヤに駆動力を分配するデフギアだけで成り立っています。アイドリング（待機）中はモーターの回転も止められます。そのため、構成部品はこのように非常にシンプルなのです
写真：日産

独ZF社が開発中のインホイールモーターユニット。リアタイヤに直接モーターを取り付けるインホイールモーターは、当然、変速機がありません。ホイールをダイレクトに駆動するため、非常に高効率です。写真の場合は減速機を介してホイールを回すため、実際にはホイールの内側に収まっていませんが、形式的にはインホイールモーターと同等といえます
写真：髙根英幸

Chapter 3-04

新幹線も使っている回生ブレーキとは?

　モーターと発電機は「兄弟」ともいえます。**モーターが電力を駆動力に変換する機械なら、発電機は駆動力を電力に変換する機械**です。モーターを強制的に回せば、発電できるのです。これを利用しているのが新幹線です。新幹線は電気で走っていますが、ブレーキ時にはモーターを発電機として機能させ、発電した電力をほかの新幹線に供給しています。EVのモーターも減速時は発電機として利用できます。**発電中は抵抗になって減速を強めるので、ガソリン車のエンジンブレーキと同じようなもの**です。

　回生ブレーキを搭載するEVは、AT車のセレクターと同じように発進時や後退時に動かすレバーがあります。通常の走行ではDレンジを選びますが、加減速が多いときや回生充電を優先させたいときに利用できるモードも用意されています。これらはB(ブレーキ)モードなど、メーカーによって表示はさまざまで、最近のEVには、さらにきめ細かく回生充電の強さを調整できる機能を備えたものもあります。

　EVだけでなくハイブリッド車でも、回生ブレーキによる充電は、燃費をよくするために欠かせない機能です。エンジンがないEVが航続距離を伸ばすには、**回生ブレーキによる充電がなおさら重要**です。回生ブレーキを利用したとしても、発進と停止を繰り返すような市街地では、カタログどおりの航続距離の実現は難しいのですが、回生ブレーキによる充電がエネルギーロスを大幅に抑えているのは間違いありません。ガソリン車では熱エネルギーとして捨てていたブレーキをエネルギーとして回収できるのですから、効率が高いのも当然です。

図1　回生ブレーキの仕組み

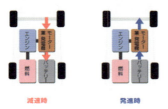

減速時　　　発進時

回生ブレーキは、走っている勢いでモーターを発電機として回し、その抵抗を制動力とします。このとき発電された電気は、バッテリーやそのほかの設備に供給されます

写真：トヨタ

図2　油圧ブレーキ、回生ブレーキ協調作動の概念図

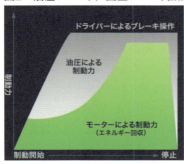

強い制動力を発揮させるときや、最終的に停止するときは、車輪にある通常のブレーキを使うため、回生ブレーキによって制動力が大きく変化しないよう、協調制御で安定した制動力を実現しています

写真：トヨタ

三菱のEV「iMiEV」のセレクターレバー。回生ブレーキの利きを強めるBレンジが設けられています

写真：三菱自動車

Chapter 3-05

EVのバッテリーってどんなもの？

　普通のクルマに使われているバッテリーは、鉛と希硫酸を反応させる**鉛酸バッテリー**です。大昔はEVも鉛酸バッテリーを採用していましたが、たくさんのバッテリーを搭載すると、クルマが非常に重くなってしまいます。動きが鈍くなりますし、衝突時の安全性にも問題があります。何より「バッテリー運搬車」のようになってしまっては本末転倒です。そこで、同じ容積でも電力の容量が大きい高性能バッテリーを搭載して効率を高めています。

　少し前まで、充電可能な高性能バッテリーとして主流だったのは**ニッケル水素バッテリー**です。正極にニッケル、負極にマンガンをベースとした多孔質の物質を使うことで水素イオンをやりとりして、電気の流れをつくっています。ニッケル水素バッテリーはメーカーによって、あるいはグレードによって性能に差があり、同じ大きさでも充電できる容量や、一気に放電できる能力にも差があります。価格が手ごろで、一般ユーザーが手軽に扱える高い安全性もあり、乾電池タイプの二次電池としては今でも主流です。

　より高い性能が要求されるバッテリーとして、プラグインハイブリッドやEVだけでなく、スマホや携帯電話、ノートパソコンなどでも主流なのは**リチウムイオンバッテリー**です。リチウムイオンをバッテリー液中に溶かし、プラス極とマイナス極の間でやりとりして電気の流れをつくっています。イオンをやりとりする電解質が液体のままでは液漏れの心配があるので、安全性を高めるためにバッテリー液をゲル化したものもあります。

　さて、このリチウムイオンバッテリー、いくら高性能といって

普通のガソリン車はエンジン始動用のバッテリーとして、鉛と希硫酸を用いた鉛酸バッテリーを使っていますが、EVはよりエネルギー密度の高いバッテリーを搭載し、航続距離を伸ばすようにしています。現在、バッテリーの種類で最も高性能なものは、リチウムイオンを電極間でやりとりするリチウムイオンバッテリーです。リチウムイオンバッテリーの形状は、乾電池のような円柱型や携帯電話のバッテリーのような板型、シート型などさまざまです。現在、最も安全性が高く、高性能といわれているのは、電解液をゲル状にしたリチウムポリマーです

写真:日産

も、セル(電極1つの単体)では電圧が低くて力不足です。そこで、たくさんのセルを直列でつないで電圧を高め、このセグメント(バッテリーパック)を並列につないで、大電流を一気に放電できるようにしているのです。

なお、セルの性能にはわずかですが個体差があるので、使用中に徐々に充電できなくなるセルが出てきます。そのため、いくつかのセルに問題が発生しても電圧が落ちないよう、バッテリーの組み合わせには余裕を持たせています。

現在、リチウムイオンバッテリーは中国などでも生産されているので、日本メーカーは厳しい価格競争を繰り広げていますが、日本のリチウムイオンバッテリーの技術や品質は間違いなく世界トップレベルです。現行のリチウムイオンバッテリーの2倍の容量を実現する技術も開発されており、**実用化すればEVの航続距離は一気に2倍近くになることも予測**されています。

写真は日産「リーフ」が搭載しているリチウムポリマーバッテリー。シート状のセルを重ねてセグメントとし、セグメントをたくさん組み合わせています　　写真：日産

Chapter 3-06
冬にバッテリーの性能が落ちたりしない？

　いくら高性能なバッテリーでも、寒くなると効率は落ちます。EVによってはバッテリーの温度低下を防ぐバッテリーウォーマーも搭載されています。それでも、冬季はやや航続距離が短めになってしまう場合もあるようです。

　さらに、EVはエンジンの熱を利用しているガソリン車の暖房とは異なり、暖房にも電力を使わなければなりません。EVのモーターやパワー・コントロール・ユニット（PCU）は、ガソリン車のエンジンのように熱くならないからです。

　そんな効率が落ちたバッテリーを酷使してガンガン暖房を利用しながら走行していると、あっという間に航続距離が短くなって、電欠に陥る危険性もあります。**冬季はなるべく暖房を控えめにすることが、航続距離を伸ばす秘訣**です。

　とはいえ、EVだからといって、寒い冬に凍えながら暖房なしで乗ることは考えられません。そのためEVでは、シートヒーターやステアリングヒーターなど、空間ではなく直接、体を暖めてくれる暖房装備が充実しています。

　なお、バッテリーには保護機能が搭載されていますが、寿命を伸ばすには、あまりバッテリーを使い切らないほうがベターです。使い方次第で充電回数にも差が出るので（個体差もありますが）、自分のクルマのバッテリーの種類や特性を理解して、上手に利用したいものです。

　ちなみにEVの空調は、家庭用のエアコンそのものともいえます。もちろん利用空間は狭いので、一般の家庭用より消費電力は少ないのですが、仕組みはほとんど同じです。

バッテリーやモーターへの電流を制御しているパワー・コントロール・ユニット(PCU)は、温度が下がりすぎないように、空気や水で暖めて温度を管理しています。極端に気温が低い状況では、冷却水やバッテリーモジュールをヒーターで暖め、バッテリーの温度を上げることで電圧の降下を防ぎます

写真:トヨタ

最近は-30℃でも電圧降下が起きない、低温特性に優れたリチウムイオンバッテリーも登場しています

写真:髙根英幸

Chapter 3-07

EVは速く走れるの?

　EVと聞くと、コンパクトで機能的なスタイルをしているエコなクルマを想像するのではないでしょうか。たとえば、2人乗りの小さなコミューターのような乗物です。**しかし、EVにもいろいろな種類**があります。

　2004年、慶應義塾大学を中心に38の企業が協力して製作したEV「エリーカ」は、最高速度370km/hという高性能です。4人乗りでタイヤは8輪という独特のスタイルですが、各ホイールにモーターを装備していて、ポルシェ「911ターボ」との加速競争に勝利するほどです(最高速度記録挑戦車とは別の仕様)。もちろん、前述したように、モーターはそもそも低回転域からトルク(タイヤを回す力)が強いので、ガソリン車よりも加速が鋭いことは珍しくありません。

　スポーツタイプのクルマの代表例は、2008年に販売が始まったテスラの「ロードスター」です。ロータスの「エリーゼ」という軽量スポーツカーのシャーシをベースにつくり上げたEVです。最高速度は201km/h(リミッターで制限)、加速性能も静止から100km/hまでが3.7秒とスーパーカー並みの動力性能でありながら、1回の充電で380km以上も走れます。米国でもおよそ1,000万円という高価格でしたが、富裕層を中心に人気で話題を呼びました。

　世界最速のEVは、スイスのヴェンチュリが開発した速度記録車「**ジャメコンテント**」です。最高速度記録を競い合う米ユタ州ソルトレイクで開かれるボンネビル・スピードトライアルというイベントで、2010年に515km/hを記録しています(1km平均は495km/h)。

2014年、「フォーミュラE」という国際レースが開催されました。これは、F1マシンのようなフォーミュラマシンの動力にモーターを使い、バッテリーを積んでいます。ユニークなのは、エンジンで走るフォーミュラマシンの場合、レース中に給油することもありますが、フォーミュラEの場合、いくら急速充電でも充電には時間がかかりすぎるので、充電済みのバッテリーをあらかじめ搭載したスペアマシンに乗り換えてレースを続ける点です。これまでのF1では、給油もレースの駆け引きやメカニックの腕の見せどころだったので、今後はレース中にバッテリー交換という方法が導入されるかもしれません。

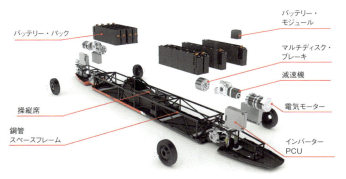

「ジャメコンテント」は、スイスのヴェンチュリが開発した、EVでの最高速度記録挑戦車です。最高速度515km/hをマークしました。バッテリーを縦にたくさん搭載して空気抵抗を減らし、強力なモーターに電力を供給する仕組みです
写真：ヴェンチュリ

テスラモーターズのモデルS　　　　　　　　　　　　　　　　　　　　　　写真：テスラ

テスラモーターズのモデルSは、高級4ドアクーペのEVですが、最上級グレードのモデルSパフォーマンスP100Dは、前後にモーターを3基搭載し、静止から100km/hまでわずか2.7秒という強力な加速性能を誇ります。巡航距離も572kmと、十分に実用性の高い高級車として人気を博しています
　　　　　　　　　　　　　　　　　　　　　　　　　　　　　　　　　　写真：テスラ

クロアチアのEVベンチャー、リーマック社のEVスーパースポーツ、コンセプト1　写真：リーマック

コンセプト1は前後にモーターを備え、1000psを超えるパワーを誇ります。前後左右のモーター出力を調整してコーナリング時の安定性を高めるトルクベクタリング機構も搭載しています
写真：リーマック

Chapter 3-08

EVの充電時間はどれくらい？

　一般的なEVの場合、急速充電なら30分で90％まで充電できるといわれています。満充電にならないのは、**急速充電の大電流で満充電まで充電させると、バッテリーセルが傷んでしまう危険**があるからです。満充電にしたいのであれば、低い電圧でゆっくりと時間をかけて充電する必要があるのです。

　EVの場合、発進や加速などの高負荷時には大きな電流を一気に放電し、充電量が少なくなってからまとめて充電するケースが多く、まとまった容量の充放電を繰り返すことになります。こうなると、バッテリーのセルの個体差が徐々に大きくなり電圧差が生じてしまうので、これを防ぐために**充電終了間際、充電しきれていないセルを充電するなどの調整**をしています。

　リチウムイオンバッテリーの特性は、充電初期にグングンと吸い込まれるように充電されて電圧が上がっていくのですが、一定以上の充電量になると電圧の上昇は落ち着き、満充電近くになるとほとんど電圧は上がらなくなります。この特性を利用して過充電を防いでいます。

　普通充電の場合は4〜12時間かかりますが、充電器の仕様やEVのバッテリー容量によっても変わってきます。100Vの家庭用電源では8時間程度かかるのが一般的ですが、日産の「LEAF to Home」のような専用の充電器を利用すれば、充電時間の短縮も可能になってきました。

　とはいえ、帰宅後は車庫に駐車している時間がたっぷりあるでしょうから、料金の安い深夜電力でゆっくり充電するのが、バッテリーのためにも費用の面でもお得でしょう。

外出先では急速充電で90%近くまでの充電が30分程度で可能です。高速道路のパーキングには急速充電設備を備えたパーキングスペースが設置されており、予約することで電欠の心配なくドライブを続けられます 写真：日産

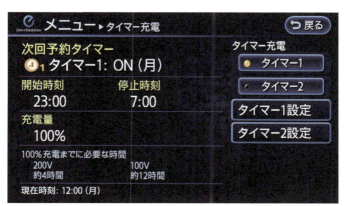

一般家庭では充電に4〜12時間を要します 写真：日産

Chapter 3-09

バッテリーが上がったらどうなる?

　バッテリーが完全に放電してしまったら、EVはまったく動きません。ガス欠ならぬ**電欠**です。ガソリン車の場合は、ガス欠時はJAFなどのロードサービスに依頼することで10L程度のガソリンを補給してもらえますが、**EVの場合は充電施設までの搬送**となります。急速充電の設備を搭載しているロードサービスは、まだ極めて珍しいのが現状です(トラックの架装メーカーが急速充電器を搭載したロードサービスカーを製作していますが)。

　このため、EVユーザーは常に電欠の心配にさらされ、充電量による航続距離と、最寄りのEVスタンドの位置の把握に気を配る必要があります。こうなると、気軽に見知らぬ土地をドライブするのはなかなか勇気が必要でしょう。

　もし電欠になっても「充電されているEVから、電欠のEVに電力を供給してやれば、走行可能な状態になるのでは?」と思う方もいるでしょう。一般的なガソリン車のバッテリーが上がったときのように、「直接EV同士を接続すればいいのでは?」という考えも浮かんできそうですが、それは非常に危険なのです。どのくらい危険かというと、直接接続すると、**バッテリーが燃えて自動車火災になる可能性がある**ほどです。EVのバッテリーシステムは、バッテリーが要求する電圧、電流に調整して送ってやる必要があるのです。そこで、バッテリーを生産するメーカーや、関連機器を開発・販売しているメーカーが、独自の技術力やノウハウを用いて、EVからEVへと電力を供給できるデバイスを、販売に向けて開発を進めています。これから、EVの普及にともなって、EVの実用性を高めるサービスが拡充されていくことでしょう。

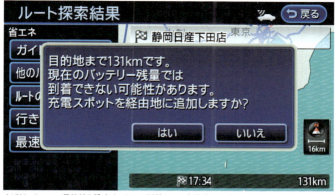

ナビゲーションで目的地を設定するとき、到着までに充電量が不足しそうな場合は、途中で充電スポットなどを経由するように案内してくれるEVもあります
写真：日産

日産「リーフ」からほかのEVに給電できる「LEAF to LEAF」。これをEVに搭載すれば、EVレスキュー車としても機能します
写真：日産

Chapter 3-10

漏電の心配はないの?

　普通のクルマに使われている電装系の電圧は12Vですが、EVは200〜300Vの高電圧をバッテリーシステムとして蓄えています。モーターの駆動にはパワー・コントロール・ユニット(PCU)でさらに電圧を高めて効率を向上させているので、**漏電があれば非常に危険**です。安全性は十分に考えられて設計され、対策が施されていますが、長期の使用による絶縁材の劣化や、衝突事故などでクルマに大きな損傷が生じた場合、漏電の可能性がないとはいい切れません。

　もちろん、自動車メーカーは衝突時にも乗員の安全を確保できるように、車体の強度だけでなく、車体が大きく変形したときにも漏電することがないよう安全対策を施しています。先進国ではクルマの安全基準が厳しく定められており、**衝突事故に対する安全性も衝突実験などを通じて検査、確認**するようになっています。こうした衝突実験で、安全性の問題が見つかったケースもあります。

　衝突時には問題がなくても、やがてアクシデントに発展するケースもありました。2011年、米国の運輸省道路交通安全局(NHTSA)がシボレー「ボルト」の側面衝突試験を行ったところ、その3週間後に発火するというアクシデントが起こりました。このとき、運輸省道路交通安全局は、ボルトの安全調査を実施したのです。何度も衝突試験を行い、損傷の具合によりどのように発火事故が起こったか検証しました。

　こうした試験の結果を受け、シボレーも必要な改良を施しました。その結果、米国道路安全保険協会(IIHS)が2014年に行った

安全性試験において、ボルトは「最高の安全性」という評価を得るまでになったのです。

　それでも、さまざまな形状や大きさのクルマが行き交う道路交通において、実際の衝突事故はさまざまです。自動車メーカーによるEVの安全対策は今後も進められていくことでしょう。

図　日産「リーフ」の車体構造と絶縁システム

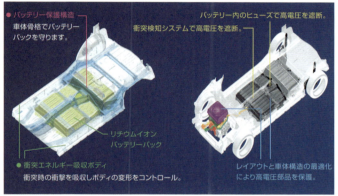

衝突時に車体の損傷で漏電しないよう、自動車メーカーは高圧電流が流れる部分にさまざまな安全対策を施しています

写真：日産

Chapter 3-11
モーターやバッテリーは車体のどこに積んでいる?

　日産「リーフ」やVW「e-UP！」は従来のコンパクトカーのシャシを利用しており、パッケージングもFF（フロントエンジン・フロントドライブ）車の構造を踏襲しています。三菱自動車の「iMiEV」はベースがリアエンジン車ということもあり、リアにモーターを搭載しています。モーターはエンジンよりも小型ですから、**搭載位置の自由度はかなり高い**のです。

　ただし、密度が高く、重いので、なるべく**低い位置に搭載して低重心化を図るのが一般的**です。ガソリン車のトランスミッションと同程度の大きさで、駆動系もシンプルなので、タイヤと同じ程度の高さに設置されているケースが多いようです。

　バッテリーは大きく重いものなので、ほとんどは**床下**に並べるように積まれています。こうすることにより同じく重心が低くなり、重くなっても走行時の安定性が高まります。

　モーターはエンジンと比べて小さいので、駆動系や冷却系などの補機類もシンプルです。このため、エンジンルームにも余裕ができるので、モーターと一緒にバッテリーもエンジンルームに搭載して容量を増やし、航続距離を稼いでいるEVもあります。

　現在では大容量のリチウムイオンバッテリーが主流になり、小型化も進んでいるので、コンパクトカークラスの車体でも十分な航続距離と居住空間、ラゲッジスペースを確保できるようになりました。さらに、**インホイールモーター**を採用すれば、エンジンルームすら不要です。インホイールモーターは、駆動輪の近くに設置され、車輪を直接回すモーターです（**3-02**、**3-03**参照）。

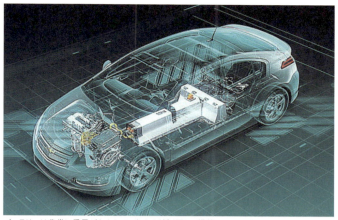

バッテリーは非常に重量があるので、なるべく低く平らに搭載します。ボディの形状や大きさによってレイアウトは異なりますが、ガソリン車より少々車重が重くても、EVは低重心によって、走行安定性が高くなっています

写真：GM

コンパクトカーをベースとしたリーフの場合、モーターはフロントタイヤの間に、バッテリーはフロアパネルに薄く敷いています。リアシートの下にも大型のバッテリーパックを搭載しています

写真：日産

Chapter 3-12
日産「リーフ」のレース仕様車ってどんなもの?

　日産「リーフ」のパワーユニットを使ったレーシングカーが「リーフ NISMO RC」です。リーフ NISMO RCは、EVの可能性、リーフのポテンシャルの高さをアピールするイメージリーダーとして、日産とNISMO（レーシングカー開発部門）が共同で開発したものです。SUPER GTなどと同じように、ボディは市販車のイメージを受け継いでいますが、低くワイドになっているだけでなく、素材もカーボンファイバーにより大幅に軽量・強靭になっています。車重は市販車のリーフのおよそ3分の2（925kg）とかなり軽量です。

　室内もカーボンファイバーでつくられたダッシュボードがむき出しで、走るための装備しか与えられておらず、「シンプルでスパルタンなレーシングカー」といった雰囲気を漂わせています。

　パワーユニットやバッテリーのパーツ自体はリーフのものを利用していますが、構造は大きく異なっています。まず、市販車のリーフはモーター1基でフロントタイヤを駆動していますが、リーフ NISMO RCは**同じモーターを2基使ってリアタイヤを駆動**しています。バッテリーの各セルは同じものを使っていますが、より大きく大容量化されています。車載のまま充電できますが、バッテリーパックごと交換することもできるようになっています。

　その走りは、レーシングカーそのもの。機敏な動きは市販車のリーフとはまったく別物です。エンジン音や排気音がないので、タイヤが路面と擦れる音が目立ち、これはこれで迫力を感じさせます。

　リーフ NISMO RCはリーフの完成度の高さ、EVの可能性を感じさせますが、実際のレース参戦はありません。今後、航続距

離などがレギュレーションに合致するようなカテゴリーがあれば、参戦することもあるかもしれません。ガソリンエンジンのレーシングカーとのバトルを見るのが楽しみです。

モーターは市販車のリーフのものを2つ使い、左右の後輪を駆動するようになっています
写真：日産

ダッシュボードはカーボンファイバー製で、レーシングカーそのものといった印象です。変速機はなく、メーターなどもシンプルですが、それ以外の操作は完全にレーシングカーのものです
写真：日産

スタイリングの雰囲気はリーフに似ていますが、カーボンファイバー製のボディカウルが与えられるなど、市販車のリーフとはまったく違うクルマです

写真：髙根英幸

リーフRCのレイアウトがわかるスケルトン図です。まるで電動ラジコンカーのようにシンプルな構成ですが、これもEVのレーシングカーの特徴といえる部分です

イラスト：日産

Chapter 3 電気自動車(EV)の最前線

Chapter 3-13

EVは災害時に電源にもなるって本当？

　EVは**バッテリーに貯め込んでおいた電気を別の用途に活用**することもできます。2011年の東北地方太平洋沖地震（東日本大震災）では大規模な停電が起きましたが、そんなときはバッテリーとしてのEVの能力が役に立つでしょう。

　また、普通のクルマよりもバッテリー容量が大きいハイブリッド車にも、外部に電気を供給できる機能が盛り込まれています。実際、東北地方太平洋沖地震では、「エスティマ・ハイブリッド」の電源供給機能が役に立ったといわれています。

　ガソリン車でもRV（レクリエーショナル・ビークル）やミニバンなどの中には、交流100Vの家庭用電源を供給できるものがありますが、電源を供給するためだけにガソリンエンジンをアイドリングさせるのは非効率です。その点、ハイブリッド車はアイドリングでも発電能力が高いため、ずっと効率がよくなります。EVは充電されている電気しか供給できませんが、**費用面でも効率面でも、エンジンで発電するほうがよいのは明らか**です。

　このように家庭用の電源として積極的に活用するシステムを「V2H」（ビークルtoホーム）と呼びます。一例として「LEAF to HOME」というシステムが実現されています。これは日産のEV「リーフ」のバッテリーを家庭の電力として利用するものです。深夜電力でリーフのバッテリーを充電し、昼間の生活でその電力を利用することで電気料金を節約するのが狙いです。

　LEAF to HOMEは、リーフ以外にも、三菱「アウトランダーPHEV」など、EV並みにバッテリーが大きいハイブリッド車で同じように電力を供給できます。

EVのバッテリーは大きな蓄電池ですから、大規模災害などで停電した場合、電源として利用できるようになっています。車種によりバッテリー容量は異なりますが、一般家庭であれば3日間は問題なく供給できる電力を蓄えています

写真：髙根英幸

Chapter 3-14

EVのバッテリーは何回くらい充電できるの?

　普通の乾電池など使い切り型の電池を**一次電池**、繰り返し充放電できる電池のことを**二次電池**といい、日本では一般的に二次電池のことを**バッテリー**と呼んでいます。クルマのバッテリーが充放電できる回数は、バッテリーの種類、充電の仕方、クルマの走らせ方や保管状況などによって大きく変わってきます。大昔のニッカドバッテリーは100回ほどで充電できなくなってしまいましたが、ニッケル水素、リチウムイオンと高密度、高出力化していくにつれ、充放電できる回数も増えています。現在のリチウムイオンバッテリーの場合、一般的には約1,000回の充放電後も約80%の容量を保てるといわれています。

　EVメーカーはバッテリーの品質やマネジメント・システムの開発にも力を入れており、理論上は10年、実用上5〜6年はバッテリーを交換せずに使えるよう性能を確保しています。たとえば、VWは「e-UP！」のバッテリーに「8年16万kmの性能保証」を付けています。

　とはいえ、バッテリーへの負荷は道路環境や維持の仕方などによっても変わり、寿命にも差が出るようです。「リーフ」をタクシーとして導入したある企業では、1日に何度も急速充電した結果、2年ほどで巡航距離が半分近くになってしまったケースもあります。これはバッテリーのマネジメント・システムにも問題があったのかもしれませんが、極端な使用環境においては、バッテリーの寿命が大幅に短くなることを証明した事例です。

　現在は、充電回数を抑えるため、**半分以上バッテリーの容量を消費してから充電したほうが劣化を防げる**といわれています。ま

た、ある程度の負荷をかけて放電させ、普通充電でゆっくり充電することが、バッテリーにとって最も優しい利用方法とされています。あまりクルマに乗らない人が毎日チョコチョコ充電すると、バッテリーの寿命を縮めてしまうようです。なるべく急速充電せず、**日常的にある程度の距離を走る規則的な使い方がバッテリーにとって理想的**です。なお、バッテリーは温度上昇に弱いので、真夏の直射日光の下など、クルマが高温となる状況に置かないほうが劣化を防げるようです。

こう考えると、EVを一般のユーザーが不自由なく使うのは、まだ難しいのかもしれません。

EVはモーターが動力源なので、バッテリーを搭載して充電と放電を繰り返すことにより走行します。そのため、燃料を必要としません。このクルマはガソリン車と同じボディを使ってEV化したVWの「e-UP！」というモデルですが、走行用のリチウムイオンバッテリー以外には電装系用の鉛酸バッテリーを搭載しているだけで、ほかに動力源となるものは搭載していません

写真：フォルクスワーゲン

Chapter 3-15
EVで使用済みになったバッテリーは どうなる？

　クルマのバッテリーは早くから**リサイクル**されてきました。鉛という有害物質を使っているため、回収して処理しなければ環境破壊につながることと、リサイクルしてもう一度鉛として利用すればコスト面でも有利だからです。しかし、バッテリーをたくさん搭載したEVが普及してくると、さらに大量の使用済みバッテリーが発生します。この大量のバッテリーの処理については、いろいろな方法が考えられています。

　たとえば、日産「リーフ」のバッテリーをリユースする家庭用のバッテリーシステムは、リーフ発売当初から導入が発表されていました。リーフの場合、航続距離が半分になってしまうとEVとしての使用に問題が生じることから、バッテリーを新品に交換します。しかし、取り外されたバッテリーは蓄電システムとしてはまだまだ使えます。

　そこで、リーフから取り外されたバッテリーの状態を整え、**蓄電システムとして再利用**しています。家庭用として提案されているのは容量12kWhで、停電時は大型住宅でも2日前後は電力を供給できます。寿命は約10年です。

　2010年のリーフ発売から、もうすぐ7〜8年経つので、これからリーフのバッテリー交換が増えてくる予定です。そうなれば実質的な蓄電システムの費用は一気に100万円台前半になる見込みです。このように、バッテリーのリユースが定着すれば、EVのバッテリー交換費用も安くなりそうです。

　リサイクルは、この蓄電システムでバッテリーを限界まで使い切ってからとなるため、普及を期待したいですね。

EVのバッテリーとしては使えなくなってしまったバッテリーでも、家庭用の蓄電池や企業の非常用電源（突然の停電からPCなどを守るもの）としては十分な性能があります。日産「リーフ」に使われるバッテリーは、当初から住宅や企業の蓄電池として再利用されることが想定されています

写真：髙根英幸

フォーアールエナジーは、住友商事と日産の共同出資により設立された企業。同社は日産リーフのリチウムイオンバッテリーを家庭や企業の蓄電システムとして活用することを提案している

写真：髙根英幸

Chapter 3-16
最新のEV技術が知りたい！

　EVはガソリン車と比べて、まだまだ開発の余地が大きいクルマです。さまざまな企業が、いろいろな方法で新しい技術を開発しています。エンジンのクルマと比べて構造はシンプルですが、その分、自由度も高いのです。

　まず、**レアアース**（希土類）を使わないモーターの開発が進められています。レアアースはモーターが使う永久磁石の磁力を高めるために用いられますが、この永久磁石を使わないモーターがSRモーターです。また、レアアースをほとんど使わない永久磁石を使った**レアアースレスモーター**などもあります。

　EVならではの進化はパワートレインのレイアウトの点からもうかがえます。現在、乗用車タイプのEVは、モーターを従来のトランスミッションやデフギアの位置に搭載し、ドライブシャフトを介して駆動輪を回しています。しかし、モーターを小型にして各車輪を直接駆動するようにすると、こうしたドライブシャフトなどの部品が必要なくなり軽量化が進み、伝達効率も高まります。前述しましたが、これは**インホイールモーター**と呼ばれます。

　現在このシステムは、電動バイクなどを除けば、小規模生産のコミュニティバスや開発車両などで使われているだけですが、今後は乗用車タイプのEVにも採用されていくでしょう。長くて重いドライブシャフトや、左右のタイヤの回転差を吸収するデフも必要ないため軽くなり、駆動による損失もありません。従来のモーター＋駆動装置と比べて効率が2倍近くよくなるというエンジニアもいます。

　EVが抱える問題点の1つは、バッテリーの容量と充電時間の

長さですが、高性能なバッテリーの開発が進められる一方、別の蓄電方法も研究が進んでいます。電子のまま蓄える**キャパシタ**を利用するものです。キャパシタはバッテリーほど高いエネルギー密度を持ちませんが、瞬時に電気を出し入れできること、繰り返し充放電しても劣化が少ないことなど、バッテリーにはないメリットを持っています。すでに中国では路線バスなどにキャパシタを採用し、停留所に停止した1〜2分間に、次の停留所までの電力を蓄えるシステムを導入しているようです。

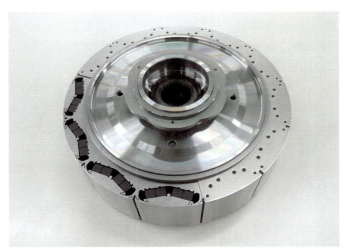

写真はレアアースを使わないモーターです。レアアースとは希土類という鉱物の一種で、磁性に優れ、強力な磁石をつくるのに欠かせない材料といわれてきました。しかし、日本の技術者はさまざまな方向から研究を続けて、ついにレアアースを使わないモーターの実用化に成功しようとしています。インホイールモーターも、走行性能を高め、乗り心地も向上させる、薄型で軽量、強力なトルクを発生するものが実用化されようとしています

写真：ホンダ

Chapter 3-17

EVにスポーツカーはあるの？

　EVはエコなだけでなく、**高性能な乗物としての可能性**も十分にあります。種類は少ないものの、スポーツカーもつくられています（**3-07参照**）。前述したテスラの「**ロードスター**」は、ロータス「エリーゼ」の基本コンポーネントを利用した2シーターのスポーツカーです。バッテリーをたくさん搭載しているため、エリーゼのような軽快感は薄れていますが、モーターの持つ強力なトルクで、エリーゼにはない加速力が魅力です。販売はすでに終了していますが、静止から100km/hまでの加速が3.7秒、最高速度は201km/h、航続距離は380kmと、実用性も十分でした。ただし価格は米国で約1,000万円、日本では1,810万円もしました。

　フランスの高級スポーツカーメーカーだったヴェンチュリは、フランスからスイスへ移転し、EVメーカーとして新たなスタートを切りました。同社はEVのスポーツカー「**フェティッシュ**」を生産しています。これは300psのモーターを搭載し、静止から100km/hまで4秒、最高速度は200km/h、航続距離は340kmを誇ります。価格も、およそ3,500万円とスーパーカー並みです。

　日本でも京都大学から派生したベンチャー企業のGLMが、かつてミッドシップスポーツとしてわずかに販売されたトミーカイラ「**ZZ**」のイメージを受け継いだEVのスポーツカーを生産しています。こちらも300psのモーターにより、静止状態から100km/hまで3.9秒です。最高速度は発表されていませんが、重量はリチウムイオンバッテリーの搭載量を抑えることで850kgと軽量に仕上げられており、軽快なハンドリングも楽しめるとしています。価格は800万円で、2014年の生産分である99台はあっという間に完

売となりました。

　また、スポーツカーではなくても、スポーティな走りを楽しめるEVは意外にあります。たとえば、BMWの「i3」はカーボンファイバー製のボディシェルをアルミ合金製のシャーシに搭載したEVです。低重心であるだけでなくサスペンションも非常に凝ったものを採用し、ハンドリング性能も高く、スポーティな4シーターです。背の高いスタイリングから受ける印象は、スポーツカーとは思えませんが、新世代のスポーティサルーンといえます。

　i3の販売価格は499万円ですが、EVは通常のエコカーと比べて税制面で非常に優遇されており、補助金が36万円ほど支給されることで、実質的な購入金額は460万円ほどです（2016年12月時点）。「カーボンとアルミでできたクルマを約460万円ほどで購入できる」と考えればお買い得といえます。

テスラ・ロードスターは、ロータス（英国）のコンポーネントを利用してシャーシを製作、そこにEVのためのモーターやバッテリーを搭載してEVスポーツカーとして仕立てた、テスラの記念すべき製品第1号でした。ノートパソコン用のバッテリーを大量に搭載して十分な航続距離を実現するなど、当時としては画期的なアイデアで高性能を実現しました

写真：テスラ

GLMのトミーカイラZZ 写真：GLM

往年のライトウェイトスポーツの名前とイメージを受け継いでいます　　　　写真：GLM

中身はまったくの新設計となるEVスポーツカーです　　　　写真：GLM

Chapter 3-18

EVも発電所で結局大気汚染をしているのでは？

　EVは排気ガスを一切出しませんが、その動力である電気を生み出すときに大気を汚染したり地球を温暖化させたりしていては、「クリーンでエコな乗物」とはいえません。現在、主力の発電システムである火力発電では、石油や石炭、天然ガスなどをガスタービンエンジンで燃やして発電機を回しているので、確かにCO_2を排出しています。

　しかし、熱効率はクルマのエンジンよりずっと高いので、出力あたりのCO_2排出量はかなり少ないのです。最新の火力発電所の熱効率はおよそ60％。エコカーでもガソリン車であれば35％ほどですから、1.7倍ほどの効率のよさです。この効率のよさは、ガスタービンエンジンで燃料を燃やして発電機を回すだけでなく、その後の排熱でも水蒸気をつくって発電機を回す**コンバインドサイクル発電**というシステムだからです。今後、さらに熱効率を高めるために、クルマも排熱利用が進むことでしょう。

　また、平均すると5〜10％ともいわれる送電ロスを考慮しても、EVのほうがずっとエコです。現在、地方の大型発電所から遠距離を送電するのではなく、電気の消費地に近い小規模な発電所で周辺地域へ電力を供給する**電力の地産地消システム**の構築も進められています。太陽光発電だけでなく、周辺を海に囲まれている日本ならではの洋上風力発電や潮力発電も開発されていますから、今後は、よりクリーンな再生可能エネルギーによる電力の供給も期待できます。

　電気は日本国内で最もインフラが整ったエネルギーですが、EVの充電は、ガソリンや軽油の給油のように短時間では終わらない

ので、実際には複数台分の電源供給設備がないと実用的ではありません。そのため、インフラを実用レベルに整備するには時間がかかるでしょう。とはいえ、クリーンでエネルギー効率のいいEVが、今後のクルマ社会を支える重要な乗物であることは間違いありません。

ボイラー（上）とタービンおよび発電機（下）の模型。火力発電所は、石炭や石油、天然ガスをボイラーで燃やし、その熱で水を蒸発させ、その蒸気の力でタービンを回し、発電機を駆動しています。火力発電所はたくさんのCO_2を排出して、環境に悪影響を与えていると思われがちですが、最新の火力発電所は格段にエネルギー効率が高くなっています

写真：髙根英幸

Chapter 3-19

充電時に感電する心配はない?

　一般家庭で普通に充電する場合は200Vの電圧の電流を使うので、「濡れた手などで扱う」など、よほどの不注意でもなければ感電することはないでしょう。では、大電流を扱う急速充電の場合はどうでしょうか？　急速充電となると大電流が流れることになりますから、作業中の感電が心配な人もいるでしょう。しかし、充電コネクタの端子形状は安全性を十分に考えていますし、グリップ部分と電極とは十分に距離がありますから、通常の使用で感電する心配はまずありません。

　充電作業時は、充電コネクタを接続した瞬間に高圧電流が流れて充電が始まるわけではありません。車体と充電器が通信し、クルマの状態を確認した上で電流が流れます。また、充電コネクタのロックは、充電が終了して電圧が下がっていることを確認しなければ解除されません。**通常のコンセントよりもずっと安全**といっていいのです。

　それでも、雨天時に屋根のない充電スペースを使うときなどは、充電コネクタ部分を手が濡れた状態では扱わないよう、十分注意して作業する必要があります。

　なお、**充電を自動化するシステム**も考えられています。クルマを駐車スペースに停めると、床下のコイルで誘導電流を起こして充電する非接触充電システムです。駐車位置のズレなどにより効率が低下する問題などはまだありますが、自宅で充電するシステムとしていずれ普及するのは間違いありません。そうすれば、感電のリスクを完全に排除できます。

　さらに非接触タイプの給電システムを利用して、走行しながら

充電するシステムも考えられています。これは、道路上に直線的にコイルを伸ばして充電区間をつくるもので、路線バスなどによる利用のほか、トラックや乗用車などでの利用も想定されています。走れば走るほど充電できてしまうような道路の誕生も、決して夢ではないのです。

クルマとコネクタが接続されていないと充電用の電力は供給されません。また、充電時に接続するコネクタは、簡単に感電しないよう、電極やグリップの位置、形状などが工夫されています
写真：日産

雨の日の操作は気を付ける必要がありますし、濡れた手で操作するのは厳禁です。日産リーフの充電コネクタには、雨の日の充電などで水が浸入しないようにするカバーも用意されています
写真：日産

非接触型の充電方式も研究が進んでいます。自宅の駐車場に停めるだけで自動充電してくれれば、利便性はグッと高まるでしょう　写真：髙根英幸

Chapter 3-20
マイクロEVって何?

　従来の軽自動車と原付4輪との間を埋める存在として**マイクロEV(超小型EV)**というクルマがあります。原付4輪よりは力があり、市街地では十分な動力性能を確保しています。クリーンで効率のいい乗物であり、高速道路を使うほどではない都市内でのコミューターとして今後普及が期待されています。

　マイクロEVは、快適装備などをあまり搭載せず、走ることに徹しています。その分、車体は軽量で、バッテリー搭載量から見ればかなりの航続距離を稼げるだけでなく、軽快な走りが楽しめるのも魅力でしょう。カーシェアリングに適した乗物ではありますが、ドライビングを楽しむクルマとして、セカンドカーとしての需要も考えられそうです。

　欧州ではすでに、2人乗車で最高速度45km/h(高速道路は走行不可)のコミューターとしてマイクロEVが利用され始めています。しかし日本では、乗車定員1名の原付4輪として、最高速度60km/hで利用できるにすぎません。マイクロEVといえども、既存の乗用車や大型トラック、バスなどと同じ道路を利用するため、**衝突事故時の安全性確保**などが課題となっているためです。

　日本のマイクロEVは、特定のエリアでのみ実証実験されていますが、法整備を進めて実用化できるよう検討されています。2020年の東京オリンピック開催時には、東京湾岸地区の会場周辺でマイクロEVの専用レーンを整備するという計画もあります。日本の場合、道路に使える面積が限られていることから、専用レーンを導入できる地域や道路はそれほど多くないかもしれません。しかし、乗物の効率を高め、クリーンで快適な交通社会をつくるに

は、**公共機関の充実と併用して、パーソナルなモビリティを普及させることは重要**です。

ホンダの超小型モビリティ「MC-β」。前後に2名が乗車するタンデム形式ですが、ホンダは乗用車に近いスタイル(4輪)で実証実験を行ってきました
写真：髙根英幸

動力はシンプルで効率のいいEV、乗車定員は2名という、軽自動車よりもさらにコンパクトな乗物です
写真：髙根英幸

トヨタの「i-ROAD」

写真：髙根英幸

前2後1の3輪で、後輪操舵と、車体がカーブの内側に傾くことでコーナリングします

写真：髙根英幸

トヨタ出身のデザイナーが立ち上げたベンチャー企業・STYLE-Dの「piana(ピアーナ)」。BMWが創立初期に生産していた「イセッタ」を彷彿させる、レトロでかわいいデザインです

写真:髙根英幸

車体の前がドアになっていて跳ね上がり、乗り降りします。前後ではなく左右に並んで乗車できます

写真:髙根英幸

Chapter 3-21
近未来の乗物を体感したい

　近未来の乗物は、珍しいだけでなくさまざまな可能性を感じさせてくれます。

　3-20で紹介したマイクロEVは、空調などの快適装備は省かれているものの軽量なため、航続距離が確保されているだけでなく、軽快な走りも楽しめます。デザインも乗用車のように画一的でなく、個性にあふれていて、少量生産ならではの遊び心を感じさせます。

　マイクロEVであれば、実証実験として地域限定でカーシェアリングしているところがありますから、そこまで出掛ければ体験できます。

　カーシェアリングの実証実験は、神奈川県横浜市や愛知県豊田市でも行っていますし、離島のレンタカーでもマイクロEVを導入しているところがあります。EVバスをコミュニティバスとして活用している自治体も全国で増えています。

　東京・お台場にあるトヨタのショールーム「MEGA WEB」（http://www.megaweb.gr.jp/）では、ときどきトヨタのマイクロEV「i-ROAD」の試乗会などを開催しています。

　同じくお台場の「日本未来科学館（Miraikan）」（https://www.miraikan.jst.go.jp/）では、ホンダのパーソナルモビリティ「UNI-CUB」を試乗できます。有料（700円/1回）ですが、館内のガイドツアーをUNI-CUBに乗りながら楽しめます。

　移動中も両手を自由に使えて、停止中はそのままイスになるUNI-CUBは、これまでにないモビリティとして新鮮な感動を覚えます。

トヨタとパーク24がコラボした実証実験「Times Car PLUS×Ha:mo」は、マイクロEVのカーシェアリングサービスです。iROADは事前に運転講習を受ける必要がありますが、入会すれば都内数十ヵ所の拠点でマイクロEVをカーシェアできます。2018年3月末までのサービスです

写真：髙根英幸

日本科学未来館で体験試乗できるホンダ「UNI-CUB」は、ジャイロを利用して直立し、安定した走行や真横への移動を実現した不思議な1輪車です。館内を巡るツアーが実施されています。写真は東京の産業展内を見て回る体験ツアーのようすです

写真：髙根英幸

Chapter 3-22

EVの航続距離をもっと伸ばす方法は？

　EVは、まだまだ充電に時間がかかったり、そもそも充電設備の数自体が少なかったりします。この状態では使い勝手が悪く、EVを普通のクルマとして気軽に購入するには抵抗があります。現在のリチウムイオンバッテリーは十分高性能な電池ですが、航続距離を伸ばすには、バッテリーの搭載量をさらに増やすか、同じサイズでもっとたくさん電気を蓄えられる高性能バッテリーを実用化するしかありません。

　とはいえ、バッテリーの搭載量を増やすのは現実的な手段とはいえません。バッテリーをたくさん搭載するとクルマの重量は増え、車両価格やバッテリー交換時のコストが上昇し、充電時間も増えてしまいます。現在でもEVの車両価格の大部分はバッテリーの価格なので、劇的にバッテリーの価格が安くならなければ、車両価格を引き下げたり、バッテリーの搭載量を増やしたりするのは難しいでしょう。

　そこで、**リチウムイオンバッテリーのエネルギー密度を高める技術**が開発されています。たとえば、バッテリーのイオン交換を行う電解液は液体やゲル状のものが使われていますが、完全な固形の電解質を用いることでエネルギー密度を大幅に高める**全固体電池**の開発が進められています。そのほかにもいろいろな方法がありますが、どれが実用化されるかまだわかりません。

　また、バッテリーの性能はそのままでも、充電システムにより走行距離を伸ばせるようになるかもしれません。走行レーンに非接触充電を直線的に配置することで、充電しながら走行できるシステムも研究されています。

このような研究開発が進めば、EVの利便性はそれほど遠くない未来、飛躍的に向上することは明らかです。「そうなってから販売すればいい」という方もいるかもしれません。しかし、過渡的な技術の商品であっても、ユーザーが支持することで市場が生まれ、その後に発展する可能性ができるのです。それはガソリン車でもパソコンでも携帯電話でも同じでした。今はEVがそうした試行錯誤や未成熟な環境を抱えながら、未来の乗物に興味を持つ人の理解を得て、市場を開拓している段階といえるでしょう。

EVの航続距離を伸ばす運転のコツは、走行以外で電気をなるべく使わないことです。また、アップ・ダウンの多いシーンやゴー・ストップの多いシーンでは回生ブレーキの利きを強めるモードで走行し、ブレーキを早めにかけて制動時間を増やしましょう。加速時間を短めにして、巡航する時間を長くするのも効果的です

写真：日産

Chapter 3 電気自動車（EV）の最前線

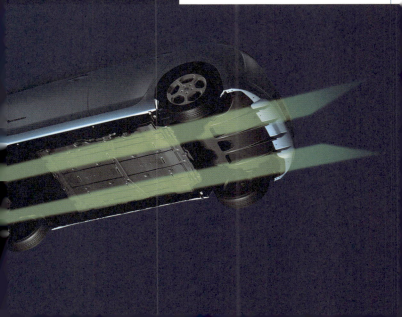

航続距離を伸ばすため、EVのボディには空気抵抗や転がり抵抗を減らす工夫が施されています。排気系がないため、アンダーフロアの形状はフラットで、空気の流れを考慮した形状です　写真：日産

Chapter 3-23

いちばん「力持ち」なクルマはEVって本当?

　砕石場など特殊な現場で働く**オフロードダンプ**は、公道を走るクルマとは比べ物にならないほど大きなクルマです。ボディの高さは15m、全長も15mほどと、そびえ立つような大きさが特徴で、タイヤの外径も4m近くあります。いちばん大きなオフロードダンプは一度に360トンもの岩石や土砂を運べますが、このクルマの大きなホイールを回しているのは、実はモーターです（ディーゼルエンジンがホイールを駆動している車種も一部ありますが）。

　車体の前部には、3,000〜4,000馬力を発生する大きなディーゼルエンジンが搭載されていますが、これは発電機を駆動するためのエンジンです。排気量は60,200L以上もあります。

　「モーターを駆動するためならバッテリーを搭載すればいいのでは？」と思われるかもしれません。しかし大きなバッテリーを搭載すると、車体が重くなってしまいますし、充電時間もそれだけ必要です。そこで、エンジンで発電しながらモーターで前後のホイールを駆動しているのです。これを**ディーゼル/エレクトロニック・ドライブ方式**といいます。

　ホイールを回す力はモーターのほうが強く、発進や上り坂などに強いという利点もあります。また、走るのは採石場だけなのでそれほど速く走ることはなく、トランスミッションの必要性が少ないのもこの駆動方式を採用した理由でしょう。各車輪にモーターを組み込むことで、エンジンの駆動力を車輪に伝える駆動系メカが必要ないのも、駆動抵抗の低減につながります。

　ちょっと特殊な用途ですが、EVのパフォーマンスの高さを知るには、いい見本なのです。

コマツ「930E」は、全幅9×全長15.6×全高7.37mという世界最大級のダンプトラックです。一度に327トンの土砂を積み込め、大きなディーゼルエンジンで発電機を回し、4輪に取り付けられたモーターで走行します

写真：コマツ

コマツの旧本社を利用した「ケンキの杜」には、たくさんの見学者が訪れます。見学者とオフロードダンプの大きさを見比べれば、いかにダンプが大きいか理解できるでしょう　　写真：コマツ

軽自動車は日本が誇る独自のエコカー

　日本には、パワーユニットの違いではなく、コンパクトなボディサイズにより省燃費を実現しているエコカーがあります。それは**軽自動車**です。最近はコンパクトカー以上に充実した装備を搭載している軽自動車の車種も少なくありませんが、より燃費性能を重視したモデルも登場しています。

　いかに燃費がいいハイブリッドカーでも、高額なモデルは、それだけたくさんの部品や材料を使ってつくられていますから、使用済みとなってリサイクルされることを考えても、軽自動車と比べたらエコとはいいがたい部分もあるのです。

　また、軽量コンパクトという特有の武器だけでなく、エンジンやトランスミッションも、低燃費のための工夫が凝らされています。海外にはワイドボディ化されたモデルを輸出したり、海外生産しているメーカーもあるほど、軽自動車は高い潜在能力を秘めているのです。

　居住性や装備、走行安定性なども十分に高く、内容的には「もはやリッターカーに遜色がないクルマ」といえるでしょう。都市内の交通手段としては非常に効率がよく、**環境負荷だけでなくコストも低い乗物**です。

　なお、軽自動車の大きな「武器」の1つとして維持費の安さ（税金など）がありますが、これは外国からの圧力で、徐々に優遇面が見直されていくのは避けられないかもしれません。

トヨタ「ミライ」は世界初の量産FCVとして市販化に成功した画期的なエコカーです。写真はミライの燃料電池システムとパワートレインだけをレイアウトしたものです　写真：トヨタ

Chapter 4

燃料電池車（FCV）の最前線

電気をつくり出す燃料電池を搭載して、その電力で走るクルマが燃料電池車（FCV）です。「究極のエコカー」といわれるFCVの凄さ、普及に向けて残る課題など、さまざまな角度からその最前線をお伝えしましょう。

Chapter 4-01

燃料電池車は何が燃料なの？

　燃料電池車の多くは水素 (H_2) が燃料です。水素と空気中の酸素 (O_2) を電気化学反応させることで発電し、モーターを回します。水素と酸素を反応させると水 (H_2O) ができます。中学校で実験する**水の電気分解の逆の原理**です。電池というよりも発電装置といえます。

　クルマという大きくて重い乗物を動かすには、たくさんの電力が必要なので、効率よく発電できるものが燃料でなければなりません。

　そのため水素が燃料なのです。水素は水を電気分解すれば取り出せますから、ほぼ無限につくり出すことができるのです。

　通常のEVは、バッテリーの充電量がゼロになってしまったら、充電するか、バッテリーをまるごと交換しなければ走り続けることはできません。しかし、燃料電池車は燃料の水素がなくなったら、**街の水素ステーションでガソリンのようにタンクに充填**するだけで、いつまでも走り続けることができます。排出されるのは水だけ、使用時のCO_2排出量はゼロです。ゆえに「究極のエコカー」といわれています。

　しかし、現時点では化石燃料によって発電した電力で燃料の水素をつくり出していますから、ここでCO_2が発生します。ですから「本当にクリーンなエネルギー」とはいい切れません。海に囲まれた日本は海洋資源に恵まれているので、今後、洋上風力発電や潮力発電などの再生可能エネルギーを利用して、大量に水素をつくれるようになれば、水素を持続可能なエネルギーとして利用する社会が確立するでしょう。

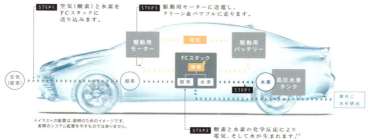

ミライが燃料電池で走る仕組みです。トヨタ「ミライ」とホンダ「FCX」は、どちらも燃料として水素を利用しており、車体には水素を貯蔵するタンクを搭載しています

イラスト：トヨタ

現在、燃料電池車の燃料として利用されているのは水素です。水素は非常に分子が小さく、閉じ込めておくことが困難です。エネルギー密度も低いことから、長い航続距離を実現するためには、高い圧力で圧縮して貯蔵する必要があります。燃料電池の水素タンクとして使われているのは、水素を通さないコーティングを施したアルミ製のボンベです。75MPa（750気圧）という途方もない高圧に耐えられるよう、外側にカーボンファイバーを巻き付けて補強しています

写真：髙根英幸

水素燃料の車体への充填には、特殊な形状のコネクタを採用したノズルが使われています。このノズルは、今のところ世界で2社しか製造することができません　　写真：髙根英幸

Chapter 4-02

水素は可燃性ガスだけど危なくないの？

　水素を燃料とした燃料電池車は**水**（H₂O）しか排出しないので、この点では非常にクリーンなエンジンといえます。しかし、みなさんも理科の実験などで経験があると思いますが、水素はとても燃えやすい物質です。「燃えやすい」というこの特性を利用して、ガソリンの代わりに水素を燃やして走る**水素エンジン**のクルマも以前は開発されていたほどです。ということは、取扱注意ということです。

　また、水素は常温で気体なので、水素ステーションでも燃料電池車でも、**高圧で圧縮してたくさんの量を搭載できる**ようにしています。もちろん、燃料電池車に充塡するための水素ステーションは、燃料電池車よりも高圧で貯蔵しなくてはなりません。

　そのほか、水素を利用することの難しさとして、水素分子が非常に小さいことが挙げられます。非常に小さい水素分子は、金属などを通り抜けてしまうことがあり、長期的な保管は難しいのです。また、水素が入り込むと脆くなってしまう金属（ステンレス鋼など）もあります。これを**水素脆性**といいます。なお、こうした少しずつの漏れは空気中に飛散してしまうので、爆発などの危険性はあまりありません。

　このように、水素ならではの問題点はありますが、自動車メーカーや水素ステーションの開発企業は、水素を燃料として利用できるよう、さまざまな対策を行っています。燃料電池車が一般的になるまでには、まだ時間がかかりそうですが、さらに研究開発が進んで、より安全で扱いやすい燃料電池車と水素ステーションに改善されることでしょう。

水素は燃えやすい物質です。大気中にまとまって存在している水素に火が付けば爆発するほどです。生産時にはガス漏れがないか、配管などをすべてチェックするなど、入念に検査されて品質を管理しています。写真はトヨタ「ミライ」の生産ラインにあるガス漏れのチェック工程です

写真:トヨタ

搭載される水素タンクは、75MPa（750気圧）という高圧で充填と保管ができるような強度で、バルブの信頼性なども確保されています

イラスト:トヨタ

万が一の衝突事故でもタンクが損傷しないよう、リアタイヤの奥と車体中央付近の底部に設置しています　　イラスト:トヨタ

水素タンク

Chapter 4-03
発電できる燃料電池車がなぜバッテリーを搭載する?

　燃料電池車は水素を貯蔵し、酸素と電気化学反応させて随時発電し、その電気でモーターを回しています。となると、一見バッテリーは不要にも思えますが、発電した電気はバッテリーへ一時的に貯めています。なぜでしょうか?

　クルマは走行状況によって、瞬時に電力消費量が変化します。ここが家電製品などと違うところです。もし、燃料電池の発電能力が最大電力消費量(たとえば全開加速)に合わせてあれば、日常的な走行では余剰が生じます。とはいえ、場合によっては急加速で、突然大きな電力が必要になることもあります。このとき、瞬時に燃料電池で電気をつくり、モーターへ供給するのは困難です。**ドライバーがアクセルを踏んだ瞬間に間髪入れずに反応するには、電気を貯めておく必要がある**のです。

　また、供給する電圧を安定させるためにもバッテリーの存在が欠かせません。一応、燃料電池による発電では、一定の電圧と電流を設定していますが、走行中はさまざまな状況に遭遇するので、電力消費量は刻々と変化しています。大きく電力を消費したり、急に電力を使わなくなったりしたときにも、システムの電圧を安定させるためにはバッテリーが必要なのです。

　さらに、**回生ブレーキが発電した電気を貯めておく場所としてもバッテリーは必要**です。走行中のエネルギーを無駄なく利用し、水素を節約して航続距離を伸ばすには、車輪の回転で発電機を回して発電する回生ブレーキが欠かせません。発電機を回す際の抵抗はエンジンブレーキ代わりにもなっています。

　燃料電池車はEVの一種といえますが、燃料電池車のバッテリ

ーはハイブリッド車のバッテリーと同じように「補助的なエネルギー源」といえるでしょう。

とはいえ、燃料電池車は自分で発電できるので、ハイブリッド車やEVほど高性能なバッテリーは必要ありません。そのため、トヨタ「ミライ」は、高性能なリチウムイオンバッテリーではなく、より安全性・信頼性の高いニッケル水素バッテリーを搭載しています。こうして、万が一にも火災などが起こらないようにしているのです。

トヨタ・ミライのエンジンルームには、モーターと電流を制御するPCUが収まっています。PCUは燃料電池でつくった電気の電圧を変換してモーターへ送るほか、回生充電の電気の電圧を変換してバッテリーへと送ります

写真：髙根英幸

燃料電池車はモーターで走るEVの仲間なので、エンジンブレーキの代わりにモーターで発電する回生ブレーキがあります。発電した電気は、燃料電池スタックでつくった電気と同じバッテリーに一時蓄えられ、次の加速時に使われます。燃料電池車にもバッテリーが搭載されているのはこのためです。ミライは水素タンクの上に、駆動用のバッテリーを配置しています

写真：髙根英幸

Chapter 4-04
水素ステーションってどんな場所？

　水素ステーションは、燃料電池車の燃料となる水素を充填する場所です。水素を貯蔵する高圧タンクや専用の充填機器などが備えられています。水素ステーションは**オンサイト型**と**オフサイト型**の2種類があります。オンサイト型は、水素をつくり出す設備を備えたもので、オフサイト型は水素を外部から運んでタンクに充填する簡易的な構造の水素ステーションです。

　水素は非常に漏れやすく、また燃えやすい物質なので、貯蔵や充填にはガソリンや軽油以上に気を付けなくてはいけません。そのため、水素ステーションの設置には厳しい規制があります。充填機器には特殊な素材や構造が採用されており、このような機器をつくれる企業は世界でも数えるほどしかありません。

　設置の規制は厳しい審査を繰り返して安全性が確認され、段階的に見直されていますが、まだまだガソリンスタンドより厳しく、周辺の設備や道路との間隔なども十分に取ることが定められているため、用地の確保もままならないという問題もあります。そのため、日本国内では常設型（オンサイト型、オフサイト型）の水素ステーションはまだ少なく、燃料電池車の移動を**移動型**の水素ステーションでサポートするという逆転現象が発生していました。これまでは一部の企業や自治体などが試験的に燃料電池車を利用していただけでしたから、水素ステーションの拠点数が少なくても大きな問題はありませんでした。

　しかし2014年12月、トヨタが燃料電池車「ミライ」を発売し、全国で燃料電池車が使われるようになったので、再生可能エネルギーの普及を推進する国立研究開発法人「新エネルギー・産業技

術総合開発機構（NEDO）」は、現在、全国に水素ステーションの建設を進めています。現在計画中の拠点もありますが、2016年度中には91カ所（移動式の拠点を含む）の水素ステーションが稼働する予定です。

　現在、ガソリンスタンドはドライバーが自分で給油作業を行うセルフ式の給油が主流になっていますが、水素はガソリンや軽油以上に取扱注意なので、専門の作業員が欠かせません。さらに水素社会の本格的な到来には、水素をつくり出す工程でも、環境負荷のより低い方法が求められていくでしょう。

水素ステーションにはオンサイトとオフサイトの2種類があります。オンサイトはその場で水素をつくり出して供給できるものですが、規模が大きく建設コストも非常に高額です。オフサイトでもコストは4～6億円といわれており、オンサイトになれば軽く数倍に跳ね上がります。　写真は東京都港区にある「イワタニ水素ステーション芝公園」です。こちらはオフサイトで、トヨタ「ミライ」のショールームが併設されています
写真：トヨタ

水素ステーションの不足を補うのが、移動式の水素ステーションであるハイドロシャトルです。トラックに載せれば移動式、地面に置けば常設のオフサイト水素ステーションとして使えます。1台6,000万～2億5,000万円といわれています　写真：髙根英幸

燃料電池車はどうして高額なの？

　エコカーの中でも燃料電池車は高額です。トヨタが発売した「ミライ」は723万6,000円（2016年12月時点）ですし、韓国の現代自動車が販売している燃料電池車は、少し前まで1,600万円もしました。ホンダの「クラリティ・フューエル・セル」は766万円です。

　高価格の理由は、まず「**絶対的な生産数が少ない**」ことです。部品をつくるために高価な金型を製作しても、何万台も生産するような車種の場合は、1台あたりの金型代が少ないので大幅にコストダウンできます。しかし、燃料電池車はまだそこまで量産していません。

　また、「高価なリチウムイオンバッテリーをたくさん搭載する必要がないぶん、EVより安く生産できるのでは？」と思う人もいるかもしれませんが、燃料電池本体（セルスタック）の値が張ります。また、水素を燃料とするための構造（高圧タンクからの配管など）や触媒の希少金属（プラチナ）などにもお金がかかります。

　前述のように、トヨタはミライを723万6,000円で販売していますが、実はこの価格でもトヨタはまったく採算が取れません。開発費用と生産コストを考えれば、1,000万円以下にするだけでもたいへんなのです。にもかかわらず、この価格で販売することを決めたのは、まずは**燃料電池車を買ってもらわないことには、水素ステーションの拠点数を増やすことができず、なかなか普及しない**からです。

　しかし、ミライは大きな注目を浴び、販売開始と同時に1,500台もの受注が集まりました。多くは官公庁や環境への意識が高い企業ですが、クルマ好きの個人も多いそうです。2016年12月

の時点では、納期が2019年以降とのことです。

燃料電池スタックには、高価な白金を使用しています。たくさんの水素を還元させて電気をつくるためには、効率のいい構造で、ある程度の大きさも必要です。写真はホンダの燃料電池スタックですが、左側は初期のもの、右側は最新のもので、いかに小型化が進んでいるかがわかります　写真：髙根英幸

EVとしてのモーターやPCU、バッテリーに加え、発電する燃料電池スタックや水素タンクも必要で、どれも普通のクルマの部品ほど大量生産できるものではなく、1つ1つの部品価格が高くなってしまいます　　イラスト：トヨタ

1台ずつ丁寧に組み立てる生産方法が採られており、1日に生産できるのは25台程度です。量産によるスケールメリットが発生しない現時点での生産規模では、どうしても割高になってしまいます。写真はミライの生産風景です　　　　　　写真：トヨタ

Chapter 4　燃料電池車（FCV）の最前線

Chapter 4-06

なぜトヨタが市販車一番乗りなの？

　トヨタ「ミライ」は「はじめての燃料電池車」といわれます。これは実質的に量産車としてリリースされた、はじめての燃料電池車だからです。自動車メーカーは特殊な製造業で、あらゆる産業の技術を駆使して、結構な金額の商品をつくりあげているにもかかわらず、利益は売り上げの割合から見ればわずかです。つまり、世界トップレベルの生産台数を維持しなければ、あっという間に利益を失ってしまうビジネスなのです。そういった意味では、**赤字覚悟で新車を開発・販売するのは挑戦的な戦略**です。

　トヨタはハイブリッド車「プリウス」を世に送り出したときも、まずは採算割れの価格で発売し、世の中に広く認知してもらうことで需要を生み出しました。ご存じのとおり、ハイブリッド車市場において、トヨタは今や圧倒的なシェアを手にしています。そうして手にした膨大な利益の一部――何百億円を費やして、今度は燃料電池車で同じことを成し遂げようとしているのです。

　トヨタはミライを723万6,000円という低価格で売り出しただけでなく、これまで膨大な資金を投入して開発してきた**燃料電池についての特許を、世界中の自動車メーカーが無償で利用できるよう公開**しています。燃料電池車はハイブリッド車とは異なり、新しい燃料供給のインフラ整備が必要なので、1社独占の状態では普及させるのは難しいからです。トヨタは燃料電池社会やクルマという乗物の持続性を実現するため、自動車業界のリーダーとしての責任も果たそうとしています。10年先、20年先の社会を見据えてクルマを研究開発している自動車メーカーとしての理念も感じ取れるとは思いませんか？

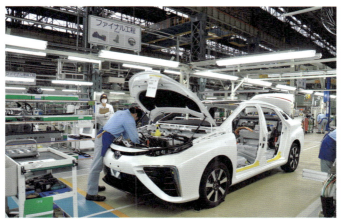

ミライは2014年12月に販売が開始されました。約723万6,000円という価格は、その性能を考えれば割高かもしれませんが、この価格で販売してもトヨタに利益は残らないといわれています。しかし、無尽蔵でクリーンなエネルギーである水素を普及させるには、まずは一歩踏み出すことが大事なので、トヨタは採算度外視で販売することにしたのです。写真はミライのファイナル工程といわれるものです

写真：トヨタ

トヨタは燃料電池を動力源としたバスも開発しました。これはトヨタグループの日野自動車と共同で開発したもので、日野のハイブリッドバスをベースにモーターを追加し、燃料電池スタックと水素タンクを搭載しています。今はまだ一部の実証実験で使われているだけですが、水素ステーションの周辺を巡回する路線バスなどに使われるようになるかもしれません

写真：トヨタ

Chapter 4-07

どうやって水素をつくり出しているの？

　水素はいろいろな物質に含まれています。もちろん水を構成する要素ですから、水分を含むものには含まれています。それだけでなくプラスチックやゴムといった石油由来の合成樹脂など、ガラスや金属を除けば、ほとんどのものに含まれています。しかし、水素だけを取り出すのは意外に難しいのです。たとえば、水には大量の水素が含まれていますが、非常に安定した物質なので、水素を分離するには多くの電気を使います。

　そのため、現在は**天然ガスから水素を取り出す**方法が主流です。天然ガスは、さまざまな分子に水素がつながっており、たくさんの水素を効率よく取り出せるからです。しかし、天然ガスから水素を取り出す工程では、CO_2も排出されるため、「完全なカーボン・フリー」とはいえません。

　現在、福岡県では、**下水処理場**で発生するメタンガスから水素を取り出し、そのとき副次的に発生するCO_2も回収して、野菜工場へ供給する実証実験が行われています。これが成功を収め、やがて全国の下水処理場でこうした水素燃料の生産が行われることになれば、よりクリーンで安価な水素燃料の供給が可能になるでしょう。将来、太陽光発電で電力をつくり出し、海水や河川の水から水素をつくり出せるようになれば、非常にエコなエネルギーが無尽蔵に使えるようになるかもしれません。

　このように、エネルギーとしての水素の利用は、現時点ではさまざまな課題が残っていますが、それらを技術的にクリアできれば、安定供給できる環境に優しいエネルギーとして、一気に普及する可能性も秘めています。

現在、水素は天然ガスから炭素を還元してつくっています。そのため二酸化炭素の排出を避けられません。しかし現在、福岡県が下水処理場で発生するメタンガスから水素を取り出す実証実験を行っています。写真は下水処理場から水素ステーションまでを一体化した施設の模型です

写真：髙根英幸

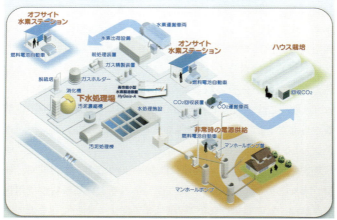

将来的には写真のように、下水処理場でつくり出した水素を隣接した水素ステーションで供給するだけでなく、近隣のオフサイト水素ステーションに運搬したり、メタンガスから分離されたCO_2をビニールハウスに供給して野菜の育成に役立てることが考えられています。また、非常時には、下水を集めるポンプを駆動する電力を燃料電池車が供給することも検討されています　写真：髙根英幸

Chapter 4-08

どうして水素で発電できるの？

　4-07で、水から水素を取り出すには電気が必要と説明しました。水素と酸素は、お互いに電子を1つずつ、それぞれの電子軌道に供給しているので、がっちりと結合しています。これを分離するには、水素に電子を追加してやる必要があります。これが**水の電気分解**です。ということは、逆に水素と酸素を結合させて水にすれば、電子が余ることになります。この電子を取り出して電気をつくっているのです。

　実際に電気をつくるには、**図**のように水素と空気中の酸素を反応させます。燃料極にある水素は水素原子が2つつながった分子（H_2）です。電解質に通すと水素は電子を奪われて分離し、2つの水素イオン（H^+）になります。これをイオン化といい、この状態で電解質中を漂います。分離した電子が電流となります。

　空気極には酸素分子（O_2）がいます。酸素分子は役割を終えて流れてきた電子を吸い取るようにして結合すると、2つのO^{2-}となります。これで水素イオン（H^+）とつながれる状態になり、電解質から水素イオン（H^+）を引っ張り出すような形で結び付き、水（水蒸気）になります。

　燃料電池の発電効率は実際には30～40％ほどとまだ低く、無駄が多いといわれています。現在開発中の新しい電解質が実用化されれば、**効率は45～65％程度**にまで向上すると見込まれています。さらに、超電導モーターなどの先進技術が実用化されれば、電力の損失も大幅に減り、ほんの少しの電力で大きな力を出せ、長時間の走行も可能でしょう。将来的には、コップ1杯の水で1日走れるような燃料電池車が登場するかもしれません。

図　燃料電池による発電のイメージ

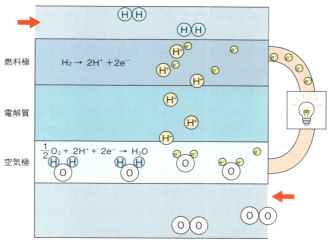

水素が供給される燃料極から水素が電解質（電気を通す物質）に取り込まれると、水素は電子を取られて、プラスの電荷を帯びた水素イオンとして電解質の中を漂います。取られた電子は電極を通じ、電流として外に出ていきます。反対側の空気極には酸素が流れており、それに仕事を終えた電子が吸い取られ、マイナスの電荷を帯びた酸素イオンとなり、水素イオンとつながる手を持つことになるのです。最終的に水素と酸素を結合させると水（水蒸気）ができます

EVによる新エンジンの可能性とは?

　EVは効率のよい乗物ですが、巡航距離の問題などで、利用の仕方がまだ限定されています。

　EVの巡航距離を伸ばす方法の1つとして、発電用にエンジンを搭載する**レンジエクステンダーEV**があります（**3-01**参照）。このクルマはエンジンを搭載していながら、その動力を駆動力には利用していません。エンジンは発電機を回すためだけに使われ、走るための駆動力はモーターだけでまかなっているのです。このメリットは、エンジンを一定の回転で運転できるので、燃費のいい領域だけを狙えることです。また、エンジンが直接タイヤを駆動しないのであれば、クルマを強力に加速させるだけの出力を必要としないので、従来の車格や車重に対して、小さなエンジンで対応できます。

　エンジンで回した発電機が発電した電力はバッテリーに蓄えられるので、必ずしもモーターの最大出力で発電する必要はありません。これは、**排気量が小さく済むだけでなく、さまざまなレイアウトのエンジンを採用できるメリット**があります。実際、最近の自動車技術の展示会では、独自の技術やアイデアを自動車メーカーやパーツメーカーに提供する技術コンサルタント会社が、従来のガソリン車では見られなかったレイアウトのエンジンやコンパクトなロータリーエンジンなどのユニークなエンジンを発表し、その優位性をアピールしています。

　これまで、クルマの駆動には向かなかった個性的なエンジン形式でも、コンパクトさをメリットとしたり、いろいろな燃料が使えるのをメリットとしたり、低出力でも燃費に優れているのをウリにしたりして、新しいEVに搭載されるかもしれません。

ガソリンを燃焼室内に直接噴射する筒内直接噴射、通称「直噴」は燃料の無駄が少なく、燃料の気化熱も利用できる効率の高いシステムです。図は直噴の燃焼状態をイメージしたものです
写真：ボッシュ

Chapter 5

低燃費ガソリン車の最前線

　ガソリンエンジンは、以前から利用されてきたため、環境性能があまり高くないイメージがあるかもしれませんが、エンジンだけでも燃費向上の技術が磨かれています。ここでは、最新のエンジン技術を解説しましょう。

Chapter 5-01

低燃費車って何？

　低燃費車とはその名のとおり、燃費のいいクルマという意味です。低燃費車が環境に優しいことは間違いありません。しかし、日本の自動車市場では、**エコカー減税の対象車**という意味でも使われています。エコカーは、燃費のよさや排気ガスを出さないクリーンさを誇るクルマですが、エコカー減税は、古いクルマから環境性能に優れた最新モデルへの買い替えを促進するための補助金事業の一環です。

　ところで、エンジンや駆動系の工夫で燃費を向上させても、そのほかの条件が悪ければ、最終的には燃費は伸び悩みます。同じパワートレインを使っていても、クルマの大きさや重さ、空気抵抗などによって燃費は大きく上下します。そのため、エコカー減税の対象になるクルマは、車種ごとに細かく燃費基準を定めているのです。

　この制度によって、おかしな**逆転現象**が生まれました。エコカー減税では重いクルマほど燃費基準値が緩く設定されています。そのため、サンルーフなどの装備を追加して車重を増やしたクルマがエコカー減税の対象車となり、補助金給付の対象となったのです。同じ車種でも、わずかに車重が軽かったことで、エコカー減税の対象外となったクルマもあります。本来、絶対的な燃費は、軽く小さなクルマのほうが優れます。同じ重さのクルマ同士を比べるのであれば、低燃費車のほうが燃費性能は優れていますが、**車重を重くすることでエコカー減税の対象になるのはおかしな話**です。しかし2015年度からは、より厳しくなった2020年度燃費基準が採用され、こうした矛盾点は解消されつつあります。

表　平成32年度燃費基準値及び減税対象基準値

乗用車(ガソリン車)及び小型バス(乗車定員11人以上かつ車両総重量3.5t以下)

(単位:km/L)

区分	燃費基準値	燃費基準+10%値	燃費基準+20%値
1. 車両重量が741kg未満	24.6	27.1	29.6
2. 車両重量が741kg以上856kg未満	24.5	27.0	29.4
3. 車両重量が856kg以上971kg未満	23.7	26.1	28.5
4. 車両重量が971kg以上1,081kg未満	23.4	25.8	28.1
5. 車両重量が1,081kg以上1,196kg未満	21.8	24.0	26.2
6. 車両重量が1,196kg以上1,311kg未満	20.3	22.4	24.4
7. 車両重量が1,311kg以上1,421kg未満	19.0	20.9	22.8
8. 車両重量が1,421kg以上1,531kg未満	17.6	19.4	21.2
9. 車両重量が1,531kg以上1,651kg未満	16.5	18.2	19.8
10. 車両重量が1,651kg以上1,761kg未満	15.4	17.0	18.5
11. 車両重量が1,761kg以上1,871kg未満	14.4	15.9	17.3
12. 車両重量が1,871kg以上1,991kg未満	13.5	14.9	16.2
13. 車両重量が1,991kg以上2,101kg未満	12.7	14.0	15.3
14. 車両重量が2,101kg以上2,271kg未満	11.9	13.1	14.3
15. 車両重量が2,271kg以上	10.6	11.7	12.8

備考
1.「車両重量」とは、道路運送車両の保安基準(昭和26年運輸省令第67号)第1条第6号に規定する空車状態における自動車の重量をいう。
2.「車両総重量」とは、道路運送車両の保安基準の細目を定める告示第2条第9号に規定する積車状態における自動車の重量をいう。

出典:国土交通省

エコカー減税による税額の減免は、燃費基準が車重によって法律で定められています。これはコンパクトカーばかりが優遇されないようにするためで、燃費を向上させるために努力している場合は、ミニバンや高級車などの大きくて重いクルマでも税金面で優遇しよう、というものです。しかしこれを逆に利用し、装備を追加して車重を増やし、そのままでは減税の対象にならないクルマを基準に合致させるケースもありました

Chapter 5-02
直噴（筒内直接噴射）って何が違うの？

　ガソリンエンジンは、空気とガソリン（混合気）を燃焼室に吸い込み、圧縮し、スパークプラグで点火して燃焼させます。従来のガソリンエンジンは、空気の流量を調整するスロットルバルブを通過した空気が燃焼室に入る直前に、吸気ポートのインジェクターが噴射した燃料と混ざって燃焼室に吸い込まれます。これは**ポート噴射**と呼ばれる形式です

　これに対して**筒内直接噴射**は、吸気ポートから空気だけを燃焼室に吸い込み、圧縮する行程で燃料を燃焼室内に直接噴射します（いわゆる直噴）。これにより燃料が吸気ポートやバルブの裏側に付着することがないので、燃料を節約できます。また、気化熱により燃焼室内を冷却するので、ノッキングなどの異常燃焼を防ぐ効果も高まります。ポート噴射でこの燃料による燃焼室の冷却を行うには、余分に燃料を噴射しなければならず、燃費が悪化する原因の1つでした。

　最近では、吸気バルブを開閉するタイミングを変化させることで、負荷が少ないときは空気や燃料を少ししか吸い込まないようにし、膨張行程はそのまま利用して、燃料の持つエネルギーをより多く駆動力として回収できるよう工夫しているエンジンもあります（吸気・圧縮行程よりも、膨張・排気行程のほうが長い）。この高膨張比エンジンを**アトキンソン・サイクル**と呼ぶ自動車メーカーもあります。また、こうした高度な制御では、ポート噴射の場合、燃料を噴射するタイミングは基本的に吸気バルブが開いている状態に限られます。しかし、直噴は圧縮行程に入ってからでも燃料を噴射できるので、燃料の噴射回数や量をさらにきめ細か

く調整して、燃焼を最適化できるのです。

　もちろん、こうした高度なエンジン制御を行うには、エンジンのマネジメント・システムが高性能でなければならず、燃料を噴射するインジェクターも高精度で高反応なものが必要なので、生産コストが上昇します。また、直噴には高負荷時に噴射量が増えると、排気ガス中に燃え残りの黒煙が増えてしまう問題もあります。

　ちなみに、ポート噴射にも優れた部分はあります。エンジン制御系のコストが比較的安いだけでなく、低負荷時に安定した燃焼をさせるのには、燃焼室に入れる前に混合気をつくっておくポート噴射が向いているのです。ポート噴射と直噴は、これからも世界中の自動車関連メーカーが開発を続け、さらにエコでクリーンなエンジンになっていくことでしょう。

ガソリンを空気中に噴射するのは同じでも、ポート噴射と筒内直接噴射では燃料の利用の仕方が異なります。従来のポート噴射では吸気ポートに噴射するため、燃料はポートの内壁にぶつかって気化します。このためポートに燃料が付着して無駄になったり、汚れとして堆積したりしてしまいます。それに対して直噴は、燃焼室に直接噴射するので、無駄になる燃料がありません。さらに燃料が気化するときに奪う熱エネルギーによって燃焼室が冷やされるので、燃焼温度の上昇を抑え、ノッキングやNOxの発生も減らせます。そのため圧縮比を高めたり、点火時期を最適化したりして、燃費性能やパワーを最大限に引き出せるのです　　　　　　　　　イラスト：BMW

Chapter 5-03
スカイアクティブって何？

　スカイアクティブは、マツダが開発した自動車の先進技術の総称です。したがって、エンジンだけでなく駆動系や足回り、ボディなどの設計技術についてもスカイアクティブの名前が用いられています。とはいえ、注目を集めているのは、やはりエンジン技術。それくらいマツダのエンジン技術は独創的なのです。

　ガソリンエンジンに用いられているスカイアクティブの技術は、従来の技術を研ぎ澄ませて限界近くまで高めたものです。**吸排気効率の向上で熱効率を向上させ、それを走行状況によって使い分ける**ことで燃費をよくしています。エンジンの熱効率を高めて、同じ量の燃料でもより多くの駆動力を引き出すことができれば、結果として省燃費につながります。そのため、スカイアクティブ-G（ガソリンエンジン）は、エンジンの圧縮比を限界近くまで高めました。

　急加速や上り坂での加速などの高負荷時以外は、吸気バルブを閉じるタイミングを大きく遅らせて、吸い込む空気と燃料の量を減らします。こうして実質的な圧縮比を低くしても、基本的な圧縮比が高いので、エンジンは十分に力を発揮します。これによって、従来のおよそ半分の排気量のエンジンと同じ燃焼ガスから、より多くの駆動力を引き出せるのです。

　スカイアクティブのすばらしいところは、エコでありながら、走りの楽しさと完全に両立させているところです。パワーが必要なときは、スポーティカーとして力強い走りを発揮してくれます。

　エンジンが持つ魅力を全方位で高めているスカイアクティブ。こういうエコカーも存在することで、「クルマの運転はまだまだ楽しめる」と思わせてくれるところもうれしいですね。

Chapter 5 低燃費ガソリン車の最前線

スカイアクティブはマツダの先端技術の総称です。中核になっているエンジン技術は、これまでの燃焼理論の集大成ともいえます。ガソリンエンジンは構造上の圧縮比を限界まで高め、実質的な圧縮を走行状態によって変化させることで、全域で効率の高い燃焼状態を実現しています。純粋にエンジンの性能を追求したパワーユニットは、走る楽しさを実現しつつ、高いエコロジー性能も実現しています

写真：マツダ

Chapter 5-04
ターボチャージャーが見直されているって本当?

　ターボチャージャーは1974年のオイルショック以降、排出ガス規制でパワーダウンしてしまったエンジンを高性能化するものとして、1980年代の日本車で使われるようになりました。ターボチャージャーは、エンジンの排気ガスの圧力でタービンを回し、タービンの回転で圧縮機を作動させて空気を圧縮します。そしてこの圧縮した空気をエンジンに送り込んで、排気量以上のパワーを生み出します。

　しかし、加速を頻繁に行なうと燃費が悪化する傾向があり、さらに厳しくなった排出ガス規制に対応するのも難しくなりました。エンジンそのものの効率が向上したこともあって、先ごろまでターボチャージャーを採用した乗用車はスポーツカーなど一部のクルマだけでした。ところが、低負荷時には過給せず、高負荷時(加速時など)だけ過給することでエンジンの排気量を小さくできる**ダウンサイジングターボ**に利用されることで、ふたたび注目されるようになります(**5-07**参照)。

　欧州から始まったダウンサイジングターボは、今では米国や日本の自動車メーカーも採用しており、ターボチャージャーの生産メーカーは、急激に増加した需要に対応するため、増産体制を急ピッチで構築しています。世界でいちばんターボチャージャーを生産しているのは米国のプラット＆ホイットニーです。2位は同じく米国のボルグワーナーで、3位は日本のIHIと三菱重工がほぼ並んでいます。この4社が世界中の乗用車用ターボチャージャーのほとんどを生産しています。

　クルマのパワーユニットは、まだ当分、エンジンが主たる存在

と予測されていますが、ダウンサイジングターボや前出のマイルドハイブリッドなどになり、今後も燃費が向上していくことでしょう。

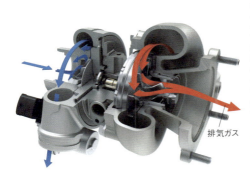

最新のターボ車は、以前よりも自然な走行フィールと低燃費を実現しています。また、ターボラグと呼ばれる反応の遅れによる加速のもたつきを解消するために、ターボチャージャーは内部を工夫しています。低回転時は排気ガスが少なくタービンを回す圧力が足りないので、可変容量ターボは排気ガスの量に応じて圧力を調整できる可変ノズルを備えています　　写真：BMW

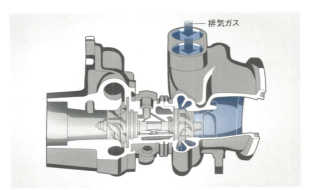

ツインスクロールターボは流路を2つに分けています。排気ガスが少ないときは外側の流路でタービンを回す力を高めています。また、排気ガスをバイパスさせて過給圧を制御するウエストゲートには素早く自在に動かせる電動式が採用されるなど、ターボチャージャーを制御する技術も進化して効率を高めています　　イラスト：BMW

Chapter 5-05

ガソリンはあと何年使えるの？

　随分前から、さまざまなリサーチ会社や石油会社などが「石油はあと50年で枯渇する」などといってきましたが、何年経っても50年から縮まることはありませんでした。なぜなら、新しい油田が見つかったり、従来は掘削が難しかった油田からも、新たな掘削技術の開発で石油を採掘できるようになったりしたからです。また、採掘コスト削減で採算が取れる油田が増えれば、可採年数は延びます。

　特に、米国では岩盤層から**シェールガス**を大量に採掘できるようになりました。これに対し、中東の産油国は、石油の価格を維持するための生産調整（生産を減らす）を行いませんでした。シェールガスに対抗するため、石油をマーケットにダブつかせ、価格を下げて採算割れを起こさせようとしたからです。

　また、中国の経済成長も鈍化したため、供給はより過剰気味となりました。

　これにより、原油価格は近年にないほど値下がりしました。ガソリンの価格も、2014年7月には164円/L（レギュラー）、174円/L（ハイオク）だったのが、2016年2月には103円/L（レギュラー）、114円/L（ハイオク）にまで下がりました。2016年12月時点では徐々に値上がりが進んでいますが、今後もガソリンの価格は、当分、**中東の産油国と米国などシェールガス勢との綱引きが続きそう**です。

　可採年数は、需要面からも変わります。代替エネルギーの発展や石油価格の高騰などで、世の中が石油を使わなくなれば、需要が減りますから、可採年数も増えます。

掘削技術の進歩やシェールガスなど新しい油田の発見により、石油の可採年数は縮まるどころか伸びる一方です　写真：アウディ

石油などの化石燃料ではなく、人工的に燃料を合成する技術も進んでいます。アウディは人工ガソリン「eガス」(メタン)の合成に成功しています。これはフランスのグローバル・バイオエナジーと共同開発したもので、トウモロコシを原料に発酵させたものを精製し、水素を加えて合成しています。大気中の成分を原料に、自然エネルギーを使って燃料を合成するのが将来的な目標です　写真：アウディ

Chapter 5-06

ガソリン車はどうやって燃費を伸ばしている?

　たとえば、電気モーターでエンジンの駆動ロスを減らしています。**パワーステアリング**は、ステアリングの操舵力を軽減してくれますが、従来はエンジンが油圧ポンプを駆動していました。しかし、最近は電気モーターが必要な分だけ駆動する**電動パワーステアリング**により、エンジンの駆動ロスを減らしています。

　同時に軽量化も進んでいます。エンジンの冷却水を循環させる**ウォーターポンプ**も、エンジンによって常に駆動する機械式から、冷却水の温度によってポンプの回転数を調整する**電動ウォーターポンプ**の採用が進んでいます。これらは減速時に充電量を増やす回生発電で電力を供給することで、よりエンジンの駆動損失を軽減しています。

　エンジンの燃焼室では、できるだけ燃料の噴射量を減らしつつ、燃焼温度を抑えるように、燃料の噴射タイミングを最適にしたり、1回の燃焼で複数回の噴射をしたりして、非常に高度な制御を行っています(**5-02**参照)。エンジンは負荷が小さいときのほうが燃焼は無駄になり、熱効率は低下します。アクセルペダルの踏み込み量が少なければ燃料を少ししか使わないので、スロットルバルブを閉じて、吸い込む空気を絞ります。一方、エンジンは吸気バルブを開けて燃焼室に空気を送り込もうとしますから、スロットルバルブと吸気バルブの間は負圧状態となるので、空気を吸い込むときに抵抗が発生します。これがロスとなります(**ポンピングロス**)。

　このポンピングロスを軽減するため、スロットルバルブを使わず、吸気バルブのリフト量で空気の吸入量を制御する方法、吸気

バルブを吸気行程より早く閉じたり遅く閉じたりすることで吸入空気を減らす方法、吸入空気に燃焼済みの排気ガスを混ぜることで、空気量を絞り込むことなくポンピングロスを低減する方法（クールドEGR）などがあります。

　低負荷時（高速道路での巡航走行など）にはシリンダーの約半分を休止させる気筒休止システムは、大排気量エンジン以外にも採用が増えています。前述の直噴エンジンやスカイアクティブ、ダウンサイジングターボなども、ガソリンエンジンの効率を向上させる有力な技術です。

　そのほか、走行時のさまざまな抵抗を減らす工夫もあります。空気抵抗を減らすボディの形状、エンジンオイルの低粘度かつ少量化、転がり抵抗の少ないエコタイヤなどです。クルマの燃費は、こうした高効率＆損失低減の技術を積み重ねて向上しているのです。

EGRは排気ガスを燃焼室に戻して不活性ガスとして再利用するもので、実質的な排気量を減らす効果があります。吸気バルブを閉じるタイミングを遅くすることで、シリンダー容積より少ない空気と燃料で燃焼を行うアトキンソン・サイクルを採用しているエンジンも増えています
イラスト：マツダ

EGRクーラー

樹脂部品の多用や高張力鋼板の採用による車体の軽量化、転がり抵抗の軽減など、あらゆる方向から燃費を向上させています。写真は走行時の空気抵抗を減らすために行われている実験です
写真：メルセデス・ベンツ

Chapter 5-07
ダウンサイジングターボはどうして燃費がいいの？

　ターボと聞いて、燃費が悪いクルマを想像する人は少なくないようです。ターボは1980年代に高性能の代名詞として人気を博しましたが、ついアクセルを踏みすぎるオーナーの乗り方も、燃費を悪化させる原因の1つだったのでしょう。ターボは、エンジンにたくさんの空気と燃料を押し込んでパワーを得ますが、このとき、燃焼温度が上昇してノッキング（突発的な燃焼を起こす異常な状態）を起こすことがあります。このノッキングを防止するため、燃料を多めに供給して、燃料の気化熱で燃焼温度を下げていましたが、これが燃費を悪化させることから「ターボは燃費が悪い」というイメージが定着したのです。

　しかし本来、ターボはエンジンの効率を高める装置であり、正しく扱えば省燃費に貢献するものです。燃焼室に直接燃料を噴射する筒内直接噴射式のガソリンエンジンが実用化され、燃料を無駄にすることなく気化熱で冷却できるようになったことから、ターボは復活します。直噴にターボを組み合わせたエンジンは、燃焼室に直接燃料を噴射することで冷却効果を高めるため、過給による燃焼温度の上昇を、無駄な燃料を噴射することなく抑えてくれるのです。これによりダウンサイジングターボという効率のいいエンジンが登場しました。

　ダウンサイジングターボは、発進加速や追い越し加速、上り坂での加速など、負荷が大きい状態では働いて、力強い走りを見せてくれますが、ゆっくり走っているときや定速走行など負荷が少ない状態では働かず、単純に小排気量エンジンとなるので、燃費向上に貢献します。

直噴を組み合わせていないダウンサイジングターボもありますが、これはコストを優先したものであり、そのぶん、燃費の向上効果は薄くなりますが、代わりにトランスミッションなど駆動系の工夫で燃費を伸ばすなどしています。自動車メーカーは得意分野を生かしてクルマづくりを行っているのです。

アッパーミドルのEクラスで最も排気量の小さいモデルは、2L4気筒ターボエンジン搭載のE200です。9速ATと組み合わせることで14.7km/L（JC08モード）の省燃費を実現しています

写真：メルセデス・ベンツ

ターボチャージャーを使わなければ出力が不足する小排気量エンジンでも、ターボと組み合わせることで大きくて重いクルマを走らせることが可能です。ドイツのメルセデス・ベンツといえば世界屈指の高級車ブランドですが、その高級車にもダウンサイジングターボが搭載されています

写真：メルセデス・ベンツ

ジャガー XJ。アルミボディで軽量化を図っているとはいえ、車幅1.9×全長5.13m、車重1,780kgの堂々としたボディです。たった2Lのエンジンで高級車として十分な走りと省燃費を実現しています

写真：ジャガー

英国のジャガーは、最上級車のXJにさえ4気筒2リッターターボのエンジンを搭載した仕様を用意しています。こちらは8速ATとの組み合わせで11.5km/L（JC08モード）を実現しています

写真：ジャガー

Chapter 5-08

CVTとAT、DCTの違いを教えて

　エコカーに搭載されているトランスミッション（変速機）は、大きく分けて **CVT**（Continuously Variable Transmission）、**AT**（Automatic Transmission）、**DCT**（Dual Clutch Transmission）の3種類です。CVTは金属製のベルトとプーリー（滑車）を使った無段変速装置で、変速の領域が広く、スムーズに変速できることから、コンパクトカーを中心に採用されています。ATは4速以上の多段型が増えています。DCTは **MT**（Manual Transmission）を自動変速化したもので、奇数段と偶数段にそれぞれクラッチを備えることで変速時にエンジンの駆動力が途切れず、スムーズに効率よく伝達できるのが特徴です。

　最も効率が高いのはDCTですが、ATも発進時や変速時以外は流体クラッチであるトルクコンバーターを直結して、駆動損失を大幅に減らしています。CVTは駆動力を伝えるベルトをしっかりと保持するために高い油圧を必要とするので損失は大きめですが、変速比のワイドさがエンジン回転数を抑えるため、低コストで実燃費にも優れたクルマになります。

　トランスミッションによる違いは、運転操作においてはどれも大差なく、ドライブフィールに現れるくらいです。たとえば、CVTは変速ショックがなく滑らかな感触ですが、アクセルを踏んだときの反応がやや鈍く、加速感も弱い印象です。

　なお、ATは高級車への採用が多いのですが、これはATが遊星ギア（プラネタリーギア）の回り方を切り替えることで変速し、切り替え操作をキメ細かく制御することでスムーズな変速を実現しているのが魅力だからです。

CVTは金属ベルトでプーリーを連結し、プーリーの幅を変えることでベルトを巻きかける半径を変化させ、変速しています。変速ショックがない半面、プーリーとベルトの間に「滑り」が発生するので、他の変速機と比べて伝達効率はやや劣ります。伝えられる駆動力にも限度があるので、小型車に適した構造です

写真：日産

スバル・インプレッサやレガシィ、レヴォーグは、リンクプレートチェーンを使ったCVTを搭載しています。プーリー径を小さくできて、伝達効率にも優れる構造です。写真は走行用モーターを内蔵したインプレッサ・スポーツ・ハイブリッド用のCVTです

写真：スバル

一方、DCTはMTをベースに、変速操作やクラッチの断続を自動的に行うことで、ATと同じ2ペダルでの操作を可能にしたものです。そのため、構造が比較的シンプルで機械的な損失が少なく、2つのクラッチを交互に使い分けることで瞬時に変速を操作できるなどのメリットがあります。しかし、スムーズに走らせるには、非常に緻密な制御が必要です。このため、ダイレクト感が高い代わりに、スムーズさではATにかないません。DCTは、効率のよさとダイレクト感からスポーツカーにも多く採用されています。

　なお、コンパクトカーではシングルクラッチのMTをそのまま自動変速化した**AMT**（Automated Manual Transmission）も採用されていますが、こちらはさらに変速時のシフトショックが大きくなっています。

　結局のところ、CVTかATかDCTかは、クルマの特性との相性や自動車メーカーの得手不得手、あるいはトランスミッションメーカーの思惑など、さまざまな条件が重なって決まっています。

ステップATは遊星（プラネタリー）ギアと呼ばれる3重構造のギアの回り方を変化させることで変速しています。遊星ギアを何段も組み合わせることで6速から10速までの多段ATが開発されています。ロックアップ（直結）機構付きのトルクコンバーターと組み合わせることで、滑らかな走りと効率のよい走りを実現しています。中級車から高級車向きの構造です　　写真：メルセデス・ベンツ

DCTはMTを自動制御し、奇数段と偶数段のそれぞれにクラッチを設けることで、変速を瞬時かつ滑らかに行う変速機です。ダイレクト感に優れるので、スポーティなクルマにも搭載されていますが、伝達効率にも優れるので、コンパクトカーからミニバンまで広く採用されています

写真：アウディ

スズキのAGS（Auto Gear Shift：オート・ギヤ・シフト）は、MTをベースに自動変速機能を追加したAMT（Automated Manual Transmission：オートメイテッド・マニュアル・トランスミッション）の一種です。ATに比べて構造が簡単で軽量、低コストなのが特徴ですが、変速時にエンジンの駆動力が途切れるため、加速感がややぎくしゃくするという難点があります

写真：スズキ

どうエコカーを選ぶべきか？

　エコカーを購入しようと思っている人にとって悩ましい問題は、「愛車を燃費だけで決めていいものか……」ということではないでしょうか？　確かに、燃費がある一定以上よいクルマであれば、ガソリン代はそれほど変わらなくなります。数字の上では0.1km/Lでも省燃費なクルマのほうが注目を浴びますが、燃費が向上するほど毎月の燃料代の差は小さくなっていきます。この傾向は、走行距離が少ないユーザーほど大きくなります。

　たとえば、燃費が4割向上して1カ月のガソリン代が5,000円から3,000円になったとしても、その差は2,000円です。年間で2万4,000円節約できますが、このために「100万円高いハイブリッド車を買うか？」といわれれば、迷う人もいるでしょう。

　我々がクルマに求めるのは燃費性能だけではないはずです。たとえば、荷物の積載能力もあれば、乗り心地などの快適性、走りの楽しさなどもあります。特に走りの楽しさという観点でいえば、ハイブリッド車は一般的に制御が複雑なので、加速感が従来のガソリン車と異なります。このため、走らせていて楽しさを感じるクルマはあまりありません。**走りの楽しさなら、ガソリンエンジンやディーゼルエンジンのエコカーを選んでも満足できるはず**です。また、エンジン車といえどもアイドリングストップ機構が搭載されていれば、渋滞などでも燃費はかなりよくなります。

　下取り価格も重要です。かつて「ハイブリッド車の下取り価格は高い」といわれていましたが、これは過去の話で、3年以上経過したハイブリッド車は、バッテリーの性能低下もあり、下取り価格が安くなる傾向にあります。

欧州ではディーゼルエンジンを搭載するコンパクトカーも珍しくありません。写真はBMWミニが搭載しているディーゼルエンジンのカットモデルです

写真：BMW

Chapter 6

クリーンディーゼル車の最前線

ディーゼルエンジンのイメージは、「力はあるが、遅いエンジン」で、トラックやバスに用いられる印象が根強いですが、実はとても効率のいいエンジンです。最新の排気ガス浄化技術によって、乗用車でも搭載が増えているディーゼルエンジンを解説しましょう。

Chapter 6-01
ディーゼル車が「クリーン」ってどういうこと?

　ディーゼル車が「クリーン」を謳っていることに違和感を持つ人もいるのではないでしょうか? 「ガソリン車のほうがクリーンではないのか?」と。確かに一昔前までディーゼル車といえば、がんじょうで燃料代は安いものの、うるさくて、加速中には真っ黒い煙をモウモウと吐き出し、街の空気を汚す「嫌われ者」というイメージがありました。

　ところが、東京都がディーゼル車の排ガス規制を強化したり、ディーゼル乗用車が多い欧州でも新たな規制が敷かれたりしたことで、ディーゼル車の環境性能は格段に高められました。その結果、街を走るトラックやバスの排気ガスはきれいになって、日本市場でも乗用車にもディーゼル車が復活し、続々と車種も増えているのです。

　現在の排ガス規制をクリアしたディーゼルは**クリーンディーゼル**といいます。「クリーンディーゼル」は、ディーゼル車の古いイメージを払拭するために強調された呼び名と考えていいでしょう。排気ガス浄化の技術は、自動車メーカーによりさまざまです。そもそも、ディーゼルエンジンはガソリンエンジンよりも熱効率が高いので、二酸化炭素の排出量は少ないのです。さらに**窒素酸化物**(NOx)や**粒子状物質**(PM:Particulate Matter)などの大気汚染物質を減らしたことにより、低公害なクルマになるだけでなく、ガソリン車よりも燃費がよくなりました。低公害なエンジンにするために開発された技術が、燃費や快適性をさらに高めているのです。昭和40年代のディーゼルエンジンの排気ガスの汚れを100%とすると、最新のクリーンディーゼルは5%程度です。さらに二

酸化炭素の排出量も、昔のディーゼルエンジンや現在のガソリンエンジンより少ないのです。

なお、ディーゼルエンジンの燃料は軽油ですが、昔は軽油に含まれる硫黄分が多く、排気ガスから硫黄酸化物として排出され、酸性雨など大気汚染の原因となっていました。しかし、現在の軽油は硫黄分を取り除いた低硫化が進み、燃料が原因となる環境汚染もかなり低減しました。

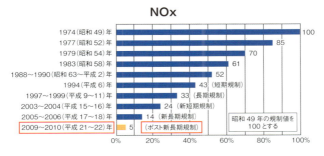

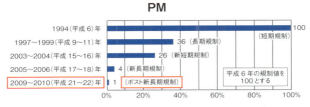

グラフ　ディーゼル重量車の排出ガス規制値の推移

ディーゼル車を販売するには、その地域の排気ガス規制をクリアしていなければなりません。ということは、排気ガス規制を比べれば、その地域、その時代のディーゼル車がどれほどクリーンか判断できます。日本のディーゼル車の排気ガス規制は、1974（昭和49）年のオイルショックから始まりましたが、そのときの規制値を100%とすると、現在（ポスト新長期規制）の排気ガス中のNOxは5%にまで減っています。排気ガスの中の黒煙の正体であるPMは1994（平成6）年から規制が始まっていますが、現在の規制値では1%にまで低減。どれだけディーゼル車がクリーンになったか、これを見れば理解できるでしょう

出典：日野自動車

Chapter 6-02
なぜクリーンディーゼル車は黒煙を吐かないの？

　黒煙は、粒子状物質（PM）が排気ガスに混ざったものです。PMは燃料の燃えかす――煤のようなものですから、燃料を余分に噴射すると発生します。昔のディーゼル車は、上り坂などで必要以上にアクセルを踏むことによって、さらに黒煙を大量に発生させていました。見たことがある方も多いでしょう。

　ならば「燃料を薄めにすればいいのでは？」と思うでしょう。ところが、燃料を少なめにすると、今度は燃焼温度が上昇して、窒素酸化物（NOx）が増えてしまうのです。NOxは光化学スモッグの原因にもなり、健康にも悪影響を与えます。そこで、クリーンディーゼルでは2段構えの対策で、黒煙を排出しない工夫をしています。

　1段目は燃焼状態での対策です。ディーゼルエンジンは圧縮して高温になった空気に軽油を噴射し、自然着火させますが、燃料を噴射するタイミングで燃焼のタイミングをコントロールしています。昔のディーゼルエンジンは、空気を圧縮した状態で、燃料を一気に噴射して燃焼させていました。しかし、現代のディーゼルエンジンは、1回の燃焼工程でも燃料を4～5回噴射することで、よりムラのない安定した燃焼を実現しています。1分間に2,000回――1秒間に30回以上燃焼させながら、1回の燃焼で4～5回以上燃料を噴射する――という、まさに瞬きする間もないほどの速さでECU（Engine Control Unit）がインジェクターに噴射量を指令し、インジェクターが正確に実行しているのです。ガソリンエンジンの直噴でも燃料を複数回噴射していますが、ここまで複雑には噴射していません。

　2段目は「後処理」と呼ばれる触媒での浄化です。ディーゼル粒

子状物質フィルター（DPF：Diesel Particulate Filter）というフィルターでPMをキャッチして、一定以上に集まったら燃料を噴射します。フィルターに集まったPMを燃やすことで分解するのです。また、排気ガス中に尿素を噴射してNOxを分解し、排気ガスを浄化するSCR（Selective Catalytic Reduction：選択型還元）触媒というシステムを導入しているメーカーもあります。

燃料噴射を何度にも分けて細かく行うことで、黒煙の発生を抑えています。またクリーンディーゼルの排気系には、黒煙を解消するためにいくつもの浄化装置が組み込まれています。まずは酸化触媒。これはエンジンの直後に装着されていて、排気ガス中のNOx、HC、COを還元してN_2、CO_2、H_2Oに還元します。しかし、ガソリンエンジンに比べてNOxが多いディーゼルでは、酸化触媒だけですべてのNOxを還元するのが難しいため、NOx吸蔵触媒や尿素SCR触媒で最終的にNOxを還元しています。黒煙の主成分であるPMはNOxを減らそうと燃焼温度を下げると発生しやすいため、NOxを還元する触媒の存在が、黒煙を減らすことにもつながります。

イラスト：ボッシュ

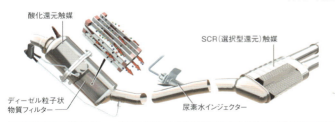

さらにPMはDPFで捕らえられ、一定以上溜め込んだ後に排気ガスに未燃焼ガスを混ぜることでDPF内で再燃焼させ、解消しています

イラスト：メルセデス・ベンツ

Chapter 6-03
クリーンディーゼルエンジンって何がいいの？

クリーンディーゼルは、もともと熱効率に優れているディーゼルエンジンを、さらに緻密に制御して排気ガスをきれいにし、燃費も高めたものです。ディーゼルは空気だけを圧縮して、燃料を噴射して自己着火させるため、燃料の噴射量とタイミングによって出力や燃費などを調整できます。**きめ細かく燃料を噴射制御することで、排気ガス中の有害成分を大幅に減らせます。**

もちろん、燃料噴射装置などは高度なシステムなので、パワートレインのコストがガソリンエンジンより高くなり、車両価格が高めになりますが、燃料を無駄使いしないので燃費が向上し、排気ガスもきれいで、燃料代もガソリンより安く、走れば走るほど大きなメリットを得られます。ハイブリッド車やEVのようにバッテリーが経年劣化して交換の費用がかかることもありません。アイドリングストップ機構を搭載していれば、ゴー・ストップの多い都市部での燃費も悪くありません。

なお、クリーンディーゼルにはターボチャージャーが装着されています。**ガソリンエンジンより排気ガスの圧力が大きいのでタービンを回しやすく、相性がよい**のです。

クリーンディーゼルの乗用車は、静粛性なども高められていて、走行中も非常に快適です。ディーゼルエンジンは圧縮比（総容積÷燃焼室容積）が高く、低回転域では、排気量が倍以上のガソリン車より力があるので、アクセルを軽く踏み込んだだけで、ググッと力強くクルマを加速させてくれます。エンジンや駆動系の部品もじょうぶにつくられています。これはディーゼル車ならではの魅力です。

燃費と加速性能に優れたディーゼルエンジンを乗用車に搭載することで、ガソリン車よりも速く快適で、なおかつ実燃費に優れたクルマに仕上げることができます。写真はマツダ「アクセラ」

写真：マツダ

グラフ1　AXELA Sport（1.5L）の最大トルク

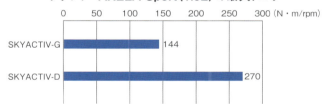

グラフ2　AXELA Sport（1.5L）の燃費

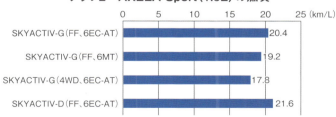

同じ車体でガソリンエンジンとディーゼルエンジンを比較してみると、排気量は同じでも、エンジンの実際の力の強さを示す最大トルクは倍近くも違います。燃費はカタログ燃費こそわずかな差ですが、ディーゼルエンジンのほうが低回転から強い力を発揮するので、乗車人数や道路環境の違いによる燃費の変動幅が小さく、安定して省燃費を実現できます

出典：マツダ

Chapter 6-04

軽油とガソリンの違いは?

　ガソリンも**軽油**も、どちらも石油から精製される燃料です。石油は炭化水素がさまざまな分子構造になったものが混ざり合っていて、それらを精製して分離することで、目的に合ったものとすることができるのです。

　ガソリンは、**比重が軽く沸点も低い燃料で、燃えやすい**特性があります。それに対し、軽油はやや燃えにくい燃料ですが、**自己着火性はガソリンより高い**という性質を持っています。ガソリンは引火しやすいのですが、きっかけとなる火がなければ燃えにくく、軽油はガソリンより燃えにくいのですが、高温下では火がなくても自然に着火しやすいのです。ガソリンは、圧縮比が比較的低く、スパークプラグで着火するエンジンと相性がよく、空気を大きく圧縮して高温にするディーゼルエンジンには、自己着火しやすい軽油と相性がよいわけです。

　ガソリンも軽油も、単独の成分で成り立っているわけではありません。どちらも炭化水素の化合物ですが、さまざまな化合物が混ざり合っています。

　ガソリンはベンゼン、アルケン、トルエン、キシレンなどの代表的な成分のほかにも、水素原子と炭素原子のさまざまな結び付き方によって、200〜300種類もの成分が含まれます。ガソリンには、バイオエタノールを原料とした**エチル・ターシャリー・ブチル・エーテル**(ETBE:Ethyl Tertiary Butyl Ether)という添加剤が含まれています。これは、ガソリンのオクタン価(燃えにくさ)を高めて、より爆発力を高める効果があります。成分が植物由来なので、二酸化炭素の排出を抑える(カーボンニュートラルという考え方)

効果もあります。そのほか、ガソリンには清浄剤や防錆剤などの添加剤も混ぜられています。これらはガソリンの品質を安定させ、長期的にクルマの性能を維持することに役立っています。

軽油の主成分はアルカンです。着火のしやすさはセタン価という指数で表されます。セタン価が高いほど自然着火しやすいので一気に燃焼し、エンジンの駆動力は高まりますが、燃焼温度が高くなると排気ガス中のNOxが増えたり、燃料を噴射された範囲の酸素が少なくなると、中心付近は酸素不足でPMが発生したりするなど難しい面もあります。

軽油とガソリンは、石油から精製される油としては非常に近い特性を持っています。サラサラで透明であるだけでなく、燃焼しやすいことはどちらにもいえる特徴です。ガソリンは気化しやすいことや、火花などで引火しやすいことも特徴です。一方、軽油はガソリンほど引火温度は低くなく、その代わりに高温下で自然着火しやすい特性があります。ちなみに通常の軽油は氷点が高いため、寒冷地では冬季にガソリンと違って凍ってしまうことがあります。そのため寒冷地では氷点の低い軽油を販売しています

写真：高根英幸

ディーゼルエンジンは、燃料に圧力を加えて燃焼室内に噴射するために、複雑な燃料ポンプを備えています。軽油には、このポンプを潤滑する役割もあり、灯油やガソリンとは違って潤滑性を持っています　写真：ボッシュ

Chapter 6-05

スカイアクティブにはディーゼルもある？

　マツダのスカイアクティブGはガソリンエンジンですが、**スカイアクティブDはディーゼルエンジン**です。スカイアクティブGでは、効率を高めるため燃焼室の圧縮比を高くしましたが、スカイアクティブDでは逆に圧縮比を低くしました。圧縮比が高いということは、それだけポンピングロス（5-06参照）が大きく、ピストンがいちばん下がった状態でも燃焼によるエネルギーを回収しきれないということです。発生したエネルギーの一部は、熱や排気ガスの圧力として捨ててしまっているのです。

　しかも、圧縮比が高いと燃焼温度も高くなり、排気ガス中のNOxが増加してしまいます。そのため、圧縮行程を過ぎて膨張行程に入ってから燃料を噴射して燃焼させねばならず、せっかくの高圧縮を生かし切れないのです。

　そこでスカイアクティブDでは、**ガソリンエンジン並みに低い圧縮比**とすることでポンピングロスを減らし、排気ガス中のNOxも減らして、高い熱効率を引き出しています。これによって高価な後処理システムを使わなくても、クリーンな排気ガスを実現できます。

　スカイアクティブDは低圧縮比なので、従来は大きく、重く、がんじょうだったディーゼルエンジンを、小さく、軽くすることにも成功しています。それでいて、**ターボチャージャーを組み合わせている**ので、大きな力が必要なときにはたくさんの空気を送り込んで、実質的な圧縮比を高め、大きな駆動力を発揮することもできるのです。

　日本では一時、ディーゼルエンジンを搭載した乗用車が市場か

ら完全に姿を消していましたが、メルセデス・ベンツがディーゼル仕様の高級車の輸入販売を復活させ、BMWも追従しました。さらにマツダがスカイアクティブDを投入したことで、ユーザーはかなり広がってきました。

図　低圧縮比化による実質の高膨張比化

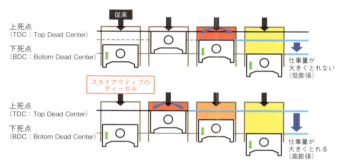

スカイアクティブのディーゼルエンジンはガソリンエンジンとは反対に、従来より低圧縮比化を図っています。圧縮比を低くすることで、いちばん圧縮した状態での燃焼を実現しているのです。これにより、燃料の持つ熱エネルギーを最大限に駆動力として取り出すことができるようになりました

イラスト：マツダ

スカイアクティブD。圧縮比が低いとエンジン部品の強度を従来ほど必要としないので、軽量にできます。クランクシャフトの剛性は、ガソリンエンジンのクランクシャフトとさほど変わらなくなってきました。排気ガス中のNOxも、圧縮比が低いことで減少するため、特別な後処理装置を必要としないのも特徴です。ガソリン車と同じ酸化触媒だけで、厳しい排ガス規制をクリアしています

写真：マツダ

Chapter 6-06

ディーゼルのクルマって遅くないの?

　「ディーゼルエンジンのクルマ」と聞くと、まずトラックやバス、ダンプという重量級の商用車が頭に浮かび、「荷物や人はたくさん運べるけど、スピードはあまり速くない乗物」というイメージがあります。

　しかし、それは**燃費がよく、力持ちというディーゼルエンジンの特性が商用車に向いているから採用されているだけ**で、スピードを出すクルマには向かないというわけではありません。

　たとえば、メルセデス・ベンツは1970年代後半、「C111」というコンセプトカーにディーゼルエンジンを搭載し、イタリアの「ナルド・サーキット」というテストコースで、322km/hの最高速度を記録しています。

　過酷な耐久レースで知られるル・マン24時間耐久レースでも、2006〜2014年はアウディやプジョーのディーゼルエンジン車が優勝しています。現在はトヨタやポルシェのガソリンエンジン＋モーターのハイブリッドと鎬を削っていますが、一時は「ディーゼルエンジンでなければ勝てない」といわれたことまであるのです。それは、**ディーゼルエンジンの持つ熱効率の高さが、高いトルクと燃費性能の両立**につながるからです。

　エンジンの回転数はガソリンエンジンのほうが高められますが、ディーゼルエンジンは力があるぶん、変速機のギア比を低くすることで、同じスピードを得られるのです。

　市販の4ドアセダンをベースしたマシンで競われる世界ツーリングカー選手権（WTCC）でも、ディーゼルエンジンは活躍しています。

1978年にメルセデス・ベンツはC111という実験車両にディーゼルエンジンを搭載したC111-IIDという車両を発表しました。直列5気筒のターボディーゼルエンジンは当時としては高出力で、190psの最高出力を発生していました。1979年にはエンジンを230psにまでパワーアップして、ボディも空力抵抗をさらに低減する工夫が施され、322km/hの最高速度を記録しています

写真：メルセデス・ベンツ

レースの世界でも燃費が成績に大きく影響する耐久レースなどでは、ディーゼルエンジン搭載車が強みを見せています。WEC（FIA世界耐久選手権）を戦うアウディR18は、2015年のル・マン24時間レース中に、最高速度345.6km/hをマークしています

写真：アウディ

市販車でもスポーティで動力性能の高いディーゼルエンジンモデルが存在します。たとえばマツダ・アクセラの22XD（クロス・ディー）です。6速MTとATが用意されていますが、どちらも燃費や環境性能を高いレベルで確保しながら、5Lクラスのガソリン車に匹敵する加速の力強さ、走りの楽しさを実現しています。輸入車にも、速くて運転も楽しいディーゼル車が増えています

写真：マツダ

Chapter 6-07

バイオディーゼルって何?

　ディーゼルエンジンは、空気を圧縮して500℃以上の高温状態にし、そこに燃料を噴射して自然着火させます。石油由来でない燃料も利用しやすいエンジンなので、ガソリンエンジンよりも燃料の自由度がある程度広いともいえます。

　化石燃料ではない植物や有機物を利用して化学的につくり出した燃料を**バイオ燃料**といい、このバイオ燃料で動くディーゼルエンジンを**バイオディーゼル**と呼びます。バイオディーゼルは、原則としてカーボンニュートラルなので、大気中の二酸化炭素を増やすことはありません。

　欧州では植物の種などを絞って代替燃料をつくり出す企業と一緒に、バイオディーゼルで路線バスなどを運営する自治体もあります。藻の仲間には、体内で油をつくり出して貯め込む性質を持つものが何種類か発見されています。それらにはそれぞれ特

図　アウディのeディーゼル構想

1.自然エネルギーによる発電
燃料の生成に必要な電力は、太陽光や風力などを利用してつくられます

石油以外の原料からつくったディーゼル用の燃料を、広くバイオディーゼルと呼びます。廃油を改質してつくったものや、植物や藻から精製されたものもバイオディーゼルに含まれます。そもそもディーゼルは燃料の自由度が高く、さまざまな油から不純物を取り除くことで利用できるのです。アウディは一般家庭などから排出される二酸化炭素を回収して、自然エネルギーにより水素と化学反応させてディーゼル用燃料を合成する「eディーゼル構想」を提案しています。これ以外にも、さまざまな方法で燃料をつくり出す方法が研究されています　　　イラスト：アウディ

徴がありますが、成長が早いもの、油をたくさんつくるものなど、強みを活かす研究が進められています。中には、天ぷら油などの廃油を精製してディーゼルエンジン用の燃料をつくり出している企業もあります。

また、ガソリンや軽油に近い燃料を化学的につくり出す研究も進んでおり、すでに実用レベルに達しているものもあります。化学的につくり出した燃料は、化石燃料より均一な組成で、品質も安定しています。ただし、生産コストが問題で、石油から精製した燃料に近いコストにまで下げられるのは、当分先になりそうです。このところの原油安は、こうした代替燃料の開発速度を鈍らせてしまう可能性もあります。

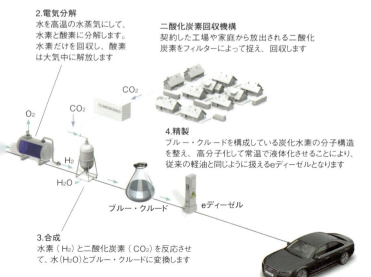

2.電気分解
水を高温の水蒸気にして、水素と酸素に分解します。水素だけを回収し、酸素は大気中に解放します

二酸化炭素回収機構
契約した工場や家庭から放出される二酸化炭素をフィルターによって捉え、回収します

4.精製
ブルー・クルードを構成している炭化水素の分子構造を整え、高分子化して常温で液体化させることにより、従来の軽油と同じように扱えるeディーゼルとなります

3.合成
水素（H_2）と二酸化炭素（CO_2）を反応させて、水（H_2O）とブルー・クルードに変換します

Chapter 6-08
ガソリンとディーゼルの中間のエンジンがあるの？

　現在、**予混合圧縮着火（HCCI**：Homogeneous-Charge Compression Ignition）**エンジンと呼ばれるものの研究が進んでいます。これは、ガソリンを燃料としながら、ディーゼルエンジンのように圧縮による温度上昇で自然着火させるのが特徴**です。

　ガソリンエンジンでも、スパークプラグによる点火をする前に自然着火してしまう現象があります。これはノッキングと呼ばれるもので、通常の燃焼よりも爆発的に燃え広がることです。圧縮行程中に起こることで、エンジンを壊してしまうこともある非常に危険な現象です。しかし、見方を変えれば、このノッキングは非常に高いエネルギーを持っているので、ガソリンから多くの駆動力をこれまでより取り出せると考えられるのです。

　現在、ガソリンエンジンの制御技術はかなり成熟しているので、熱効率をこれ以上に高めて排気ガスをクリーンにしたり、燃費を向上させたりするために、このHCCIの導入が有望視されています。HCCIは世界中の自動車メーカーや研究機関が開発を進めています。始動時は通常のプラグで点火し、安定してからHCCI運転に移行するシステム、あるいは負荷や回転数に応じてプラグ点火とHCCIを切り替えて使うシステムなどが試されています。

　HCCIは安定した燃焼領域が狭く、この領域を広げるには燃焼室内の温度コントロールが欠かせません。まだ、通常のガソリンエンジンのように、ドライバーが自由自在にエンジンの回転数を上下できるような柔軟性はありませんが、将来、エンジニアたちはHCCIを手中に収め、これまでよりはるかに少ない燃料で力強く快適な走りを実現するガソリン車を実現するでしょう。

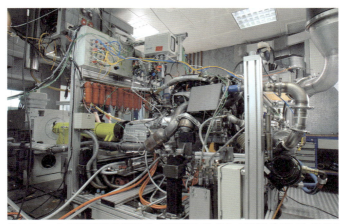

ダイムラー・ベンツの研究所で実験されているHCCIエンジンです。HCCIはガソリンエンジンのように空気と燃料をシリンダー内に吸い込みますが、圧縮して温度が高まることで、ディーゼルのように自然着火して燃焼します。通常のガソリンエンジンに比べ、燃焼速度が速く、希薄な混合気下でも燃焼することから、自動車メーカーなどによって研究が進められています

写真：ダイムラー・ベンツ

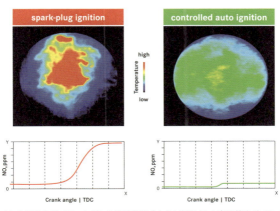

火花点火した通常のガソリンエンジンの燃焼状態（左）と制御された自然着火ガソリンエンジン（右）の燃焼状態を比較したものです。火花点火した燃焼は燃焼温度にムラがあり、火炎伝播により隅々まで燃えるのに時間がかかります。一方、自然着火は全体がほぼ同時に燃焼するため、燃焼温度が低く均一です。NOxの濃度も下のグラフのように、自然着火のほうが圧倒的に低いことがわかります

写真：ダイムラー・ベンツ

Chapter 6-09
VWが不正に米国の排ガス規制をクリアした手口は？

　2015年冬、自動車業界を大きな衝撃が走りました。世界屈指の自動車メーカーであるフォルクスワーゲン（VW）が、**米国の排気ガス規制を違法な方法でクリアしていたことが明るみに出た**からです。米国は自動車の保有台数が膨大なので、大気汚染対策として排気ガスの規制値が非常に厳しく定められています。米国で自動車を販売するには、この排ガス規制をクリアしなければならないため、自動車メーカーは技術を駆使して、排気ガスを浄化する仕組みをつくり上げて搭載しているのです。

　ところが、VWは排気ガス検査が実際の走行ではなく、試験台の上で行われることを逆手にとって、米国で販売する一部の車種について、実質的な規制逃れを行っていたのでした。問題が発覚したのは、大学の研究機関が実際に走行して排気ガスの成分を測定した結果、規制値とあまりにもかけ離れた多量の有害成分を検出したからです。

　問題となったあるディーゼル車の場合、排気ガスを大気中に排出する前に、尿素（アンモニアを無害化したもの）を水で薄めたものを排気ガス中に噴射して浄化しているのですが、排出ガスの試験のときだけ適切な量の尿素水を噴射し、実際の走行時には尿素水の噴射量を減らしていました。

　試験台の上でタイヤがローラーを回しているだけでは車体が動かないので、実際の走行とは異なり加減速のGは発生せず、ステアリングも操舵されません。こうしたことから、コンピュータが「実際の走行とは異なる状態だ」と判断すると、燃料や尿素水の噴射量を試験モードに切り替えて調整していたのです。別の車種

では尿素SCR（Selective Catalytic Reduction）を使わない排気ガス後処理装置でしたが、試験時は排気ガスの再循環の量を増やして、走行時より加速性能を犠牲にしても排気ガスを浄化していたようです。

　エンジンを制御する最近のコンピュータは非常に高性能です。処理速度が速いだけでなく、エンジンを効率よく制御するために、ドライバーの操作や走行状態に応じて燃料の噴射量や点火時期を調整する補正値を、モードごとにマップとして用意し、切り替えています。もちろん、この制御方法を悪用して規制を逃れるのは法律で禁止されています。VWには大気汚染防止法を犯しただけでなく、故意に違法な手段で規制をクリアした懲罰的な追徴金として、莫大な罰金が科せられることになりました。

　では、なぜVWはこんなリスクを冒してまで、違法な手段で規制を逃れたのでしょうか？　その理由の1つは、北米市場ではユーザーの評価がクルマの売れ行きを大きく左右することが挙げられるでしょう。車両価格やカタログ燃費だけでなく、ランニングコスト（整備など車両を維持するための費用）も人気に影響するため、実走行時は尿素水の消費量を少なくしていたようです。

　一方、2016年4月に発覚した、カタログ燃費を実際よりもよく見せていた三菱自動車による性能偽装の手段はもっと単純でした。**燃費の計測や算出を国土交通省が定めた方法ではなく、自社に都合のいい方法で行い、都合のよいデータを利用する**というものでした。三菱自動車はこうした自社基準による性能評価を25年も続けていたようで、企業としての姿勢が問われています。

　VWや三菱自動車のような先進的な技術力を持つ自動車メーカーが、このような間違った方法でエコカーの性能を水増ししていたのは残念でなりません。

おわりに

　2009年12月に私は、本書と同じサイエンス・アイ新書で『カラー図解でわかるクルマのハイテク』という本を上梓(じょうし)しました。そのころからクルマの技術革新が急速にスピードアップし、クルマの安全技術や、省燃費のための技術がたくさん盛り込まれるようになってきました。

　私の仕事も、そのころとはずいぶん内容が変わりました。趣味のクルマの世界を紹介する仕事では、「旧車」と呼ばれる1980年代以前のクルマに関する書籍、最新メカニズムを搭載した現行モデル、さらにモノづくりの現場や技術の取材・執筆などが増えてきました。

　「エコカー関連で、また本を書きませんか？」

　担当編集者の石井顕一さんに声を掛けていただいたのはおよそ2年前のことです。当時、『日経Automotive』（日経BP社）という専門誌で、クルマのメカニズム解説の連載をはじめたばかりだった私は、やはり最新メカニズムをまとめる書籍の執筆を、二つ返事で承諾し、さっそく全体の構成と下調べに入りました。

　こうした書籍は、まとまった時間が取れれば数カ月で書き上げられるのですが、雑誌やWebの仕事もこなさなければならないので、どうしても毎月の締め切りの合間の執筆作業になってしまいます。その間には、新しいエコカーの登場だけでなく、「VWショック」など自動車業界全体を揺るがす事

件も起こりました。

　その都度、全体の構成や内容について考え直すことが何度もあり、修正を重ねてきました。それにもかかわらず、こうして今振り返ってみれば、「まだまだ書き足りない」という思いです。つい先日も、中東の産油国で構成されるOPEC（石油輸出国機構）と非加盟の産油国が、石油の減産について合意しました。これにより原油価格は上昇をはじめ、米国の次期大統領にドナルド・トランプ氏が選ばれたことから円安傾向になったこともあり、このところ比較的安価で推移していた燃料価格が上昇に転じています。当分、原油価格はさまざまな事情で上下することになりそうです。

　ところで、エコカーは環境に優しいのですが、近距離であれば、さらにエコでエネルギー効率の高い乗物があります。それは自転車です。私は首都圏の移動には、条件が許せば、軽量で抵抗の少ないロードバイクも利用しています。

　乗物をいろいろと使い分けて、地球に優しく、健康的な移動手段を心がけることを皆さんにお勧めしつつ、「おわりに」とさせていただきます。

2016年12月　髙根英幸

《 参 考 文 献 》

● 雑誌

『日経Automotive』各号(日経BP社)

『Motor Fan illustrated』各号(三栄書房)

● Web

『日経テクノロジーオンライン』(http://techon.nikkeibp.co.jp/)(日経BP社)

『Smart Japan』(http://www.itmedia.co.jp/smartjapan/)(ITmedia)

『MONOist』(http://monoist.atmarkit.co.jp/)(ITmedia)

索引

数・英

48Vシステム	64
ACC	68
IIHS	92
ISG	25、64、65
JAF	46、90
KERS	56、57
LMP	60
NHTSA	92
Sエネチャージ	25、64、65
Sハイブリッド	25、65

あ

アクティブ・クルーズ・コントロール	68
アトキンソン・サイクル	48、150、159
一次電池	102
インホイールモーター	73、75、94、106、107
ヴィジョン・エフィシェント・ダイナミクス	66、67
ヴェンチュリ	84、85、108
エチル・ターシャリー・ブチル・エーテル	174
オフロードダンプ	126、127

か

キャパシタ	107
コーチング機能	37
コミューター	84、116
コミュニティバス	106、120
コンバインドサイクル発電	112

さ

シェールガス	12、156、157
次世代送電網	73
ジャメコンテント	84、85
シリーズハイブリッド	24
水素エンジン	132
水素脆性	132
スマートグリッド	73
セタン価	175
全固体電池	122

た

ダウンサイジングターボ	154、155、159〜161
窒素酸化物（NOx）	168、170
電欠	82、89、90
道路安全保険協会	92
道路交通安全局	92
ドライブシャフト	106
トルクコンバーター	41、45、55、162、164

な

二次電池	50、78、102

は

バイオ燃料	180
パワー・コントロール・ユニット（PCU）	53、82、83、92
フェティッシュ	108
フルハイブリッド	64
ポート噴射	150、151
ポンピングロス	158、159、176

ま

マイルドハイブリッド	24、64、65、155

ら

粒子状物質（PM）	168、170
レアアース	40、106、107
レアアースレスモーター	106
ロードノイズ	32
ロボットカー	68

4つのタイヤにモーターを載せた電気自動車とは?
ミリ波レーダーを利用して追突を防ぐ装置とは?

カラー図解でわかる クルマのハイテク

髙根英幸

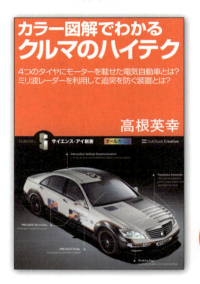

本体 952円

クルマは、世界中の自動車メーカーがしのぎを削り、この瞬間も進化しています。本書では、クルマが搭載している高度な技術を「エコ」「安全」「駆動系・足回り」「車体」「快適」といった切り口から写真と図解で解説します。ふだんなにげなく乗っているクルマに搭載された高度な技術のすごさから、これから実現する未来のハイテクまで、たっぷりお楽しみください！

第1章 エコのためのハイテク	第5章 車体のハイテク
第2章 事故を未然に防ぐためのハイテク	第6章 快適のためのハイテク
第3章 事故の被害を軽くするハイテク	第7章 高級車のハイテク
第4章 駆動系・足回りのハイテク	

サイエンス・アイ新書 発刊のことば

「科学の世紀」の羅針盤

　20世紀に生まれた広域ネットワークとコンピュータサイエンスによって、科学技術は目を見張るほど発展し、高度情報化社会が訪れました。いまや科学は私たちの暮らしに身近なものとなり、それなくしては成り立たないほど強い影響力を持っているといえるでしょう。

　『サイエンス・アイ新書』は、この「科学の世紀」と呼ぶにふさわしい21世紀の羅針盤を目指して創刊しました。情報通信と科学分野における革新的な発明や発見を誰にでも理解できるように、基本の原理や仕組みのところから図解を交えてわかりやすく解説します。科学技術に関心のある高校生や大学生、社会人にとって、サイエンス・アイ新書は科学的な視点で物事をとらえる機会になるだけでなく、論理的な思考法を学ぶ機会にもなることでしょう。もちろん、宇宙の歴史から生物の遺伝子の働きまで、複雑な自然科学の謎も単純な法則で明快に理解できるようになります。

　一般教養を高めることはもちろん、科学の世界へ飛び立つためのガイドとしてサイエンス・アイ新書シリーズを役立てていただければ、それに勝る喜びはありません。21世紀を賢く生きるための科学の力をサイエンス・アイ新書で培っていただけると信じています。

2006年10月

※サイエンス・アイ（Science i）は、21世紀の科学を支える情報（Information）、
　知識（Intelligence）、革新（Innovation）を表現する「 i 」からネーミングされています。

SB Creative

サイエンス・アイ新書
SIS-371

http://sciencei.sbcr.jp/

エコカー技術の最前線
どこまでも進化する燃費改善と
排出ガスのクリーン化に迫る

2017年1月25日　初版第1刷発行

著　者	髙根英幸
発行者	小川 淳
発行所	SBクリエイティブ株式会社 〒106-0032　東京都港区六本木2-4-5 電話：03-5549-1201（営業部）
装丁・組版	クニメディア株式会社
印刷・製本	株式会社シナノ パブリッシング プレス

乱丁・落丁本が万が一ございましたら、小社営業部まで着払いにてご送付ください。送料小社負担にてお取り替えいたします。本書の内容の一部あるいは全部を無断で複写(コピー)することは、かたくお断りいたします。本書の内容に関するご質問等は、小社科学書籍編集部まで必ず書面にてご連絡いただきますようお願いいたします。

©髙根英幸　2017　Printed in Japan　ISBN 978-4-7973-5468-3